JN029077

直前対策シリーズ

速効!

QC検定

3級

細谷克也 編著

稲葉太一　竹士伊知郎
西 敏明　吉田 節　和田法明 著

日科技連

はじめに

厳しい経営環境の中，企業は品質を経営の中核として品質経営を実践し，お客様の視点に立った魅力的な製品・サービスを提供して行かなければならない．ここにおいて，重要な役割を担ってくるのが品質管理である．

“品質管理検定”（“QC 検定” と呼ばれる）は，日本の品質管理の様々な組織・地域への普及，ならびに品質管理そのものの向上・発展に資することを目的に創設された．2005 年 12 月に始められ，全国で年 2 回（3 月と 9 月）の試験が実施されており，品質管理検定センターの資料によると，2019 年 9 月の第 28 回検定試験で，総申込者数が 1,206,895 人，総合格者数が 584,214 人となった．

QC 検定は，組織で働く人に求められる品質管理の能力を 1 級・準 1 級から 4 級まで 4 つの級に分類し，各レベルの能力を発揮するために必要な品質管理の知識を筆記試験により客観的に評価するものである．

受検を希望される方々からの要望に応えて，筆者らは，先に受検テキストや受検問題・解説集として，次の 4 シリーズ・全 16 巻を刊行してきた．

- 『品質管理検定受験対策問題集』（全 4 巻）
- 『QC 検定対応問題・解説集』（全 4 巻）
- 『QC 検定受検テキスト』（全 4 巻）
- 『QC 検定模擬問題集』（全 4 巻）

いずれの書籍も広く活用されており，合格者からは，「非常に役に立った」，「おかげで合格できた」との高い評価を頂戴している．

そんな中，受検生から「受検の申込みをして，意気込んでいざ勉強しようとすると，“あと 3 カ月もあるから” となかなか机に向かえない．1 カ月で効率的に集中して勉強できる本がほしい」との強い要望が出された．この声に応えるために，受検直前に短期間で学べるテキストとして，本「直前対策シリーズ」を刊行することとした．

本シリーズの特長として，次の 7 つが挙げられる．

① 1 カ月間集中的に学ぶことにより，**速効・速戦的に “合格力”** が身に付く．

② **2 色刷り**で**赤シート**が付いているので，これにより，重要項目を集中して効果的・効率的に習得できる．

③ **重要なこと，間違いやすいこと**を簡潔に説明している．

④　**過去問をよく研究して**執筆しているので，ポイントやキーワードがしっかり理解できる．

⑤　QC検定レベル表に記載されている用語は，JISや(一社)日本品質管理学会の定義などを引用し，**正確に解説**している．

⑥　受検生の多くが苦手とする**QC手法**については，紙数を割いて，具体的に，わかりやすく解説している．

⑦　QC手法は，**定義や公式をきちんと示し**，できるだけ例題で解くようにしてあるので，理解しやすい．

筆者らは，(一財)日本科学技術連盟や(一財)日本規格協会のセミナー講師，および，QC検定1級合格者などであり，自らの教育・受検経験をもとに執筆した．

本シリーズは，2019年11月22日に公表された新レベル表(Ver.20150130.2)に対応している．

本書は，3級の受検者を対象にしたテキストである．3級をめざす人々に求められる知識と能力は，QC七つ道具については，作り方・使い方をほぼ理解しており，改善の進め方の支援・指導を受ければ，職場において発生する問題をQC的問題解決法により解決していくことができ，品質管理の実践についても，知識としては理解しているレベルである．すなわち，基本的な管理・改善活動を必要に応じて支援を受けながら実施できるレベルである．

各級の試験範囲は，それより下位の級の範囲を含んでいる．よって，3級受検者は，4級の内容も修得する必要がある．紙数の関係から，すべての内容を詳しく記述できないので，足りないところは，前述のテキストや模擬問題集などを併用してほしい．

今後，1級，2級のテキストも順次刊行する予定である．

本書が，多くの3級合格者の輩出に役立つとともに，企業における人材育成，日本のもの・サービスづくりの強化と日本の国際競争力の向上に結びつくことを期待している．

最後に，本書の出版にあたって，一方ならぬお世話になった㈱日科技連出版社の戸羽節文社長，鈴木兄宏部長，石田新係長に感謝申し上げる．

2020年　コブシの花咲く頃

速効！　QC検定編集委員会

委員長・編著者　細谷　克也

赤シートの使い方

1. 赤シートのメリット

赤シートを使うことにより，重要な箇所を効率よく習得できるという利点がある．覚えるべき用語や式などが隠してあるので，覚えたい情報だけをピンポイントで暗記することができる．よって，通勤や通学中のバスや電車などでも勉強でき，試験までの時間を効果的に使うことができる．重要な項目や不得手な項目などポイントを絞って集中して学んでほしい．

2. 赤シートの使い方

知っておくべき・覚えておくべき重要用語・説明文・公式・例題の解答などは，赤字で書いてある．赤シートをかぶせて文章を読んでいくと，隠されて見えない箇所が出てくるので，当てはまる用語などを自分で考えながら読み進んでほしい．その後，赤シートを外して，当てはめた用語などが正しかったかどうかを確認することによって理解を深める．

単なる用語などの暗記だけでなく，しっかりと全体を理解できるように意識しながら勉強することが大切である．特に計算問題は，結果だけを追うのではなく，計算の過程をしっかり理解することが重要である．

間違った箇所は，理解できるまで繰り返し学習してほしい．例題の解答過程やメモなど，余白に赤ペンで記述するとノートを作る必要がなく，便利である．なお，油性のペンでは赤シートで消えないことがあり，水性や消せるボールペンを使うとよい．色はオレンジやピンクでもよい．

3 級受検時の解答の仕方

1. QC 検定の性質と傾向，合格率

2015 年から 2019 年の 3 級の合格率は 50%前後で推移しており，3 級といえども，体系的な学習と受検対策は必須である．

問題は全問マークシート方式で，大問が 17 ～ 18 問でほぼ決まっており，小問の数は 100 問程度となっている．おおむね「**品質管理の手法**」（以下「**手法**」）に関する小問が 50 問，「**品質管理の実践**」（以下「**実践**」）に関する小問が 50 問の出題となっており，この傾向には今後も大きな変化はないと思われる．

「実践」に関する問題については，企業に勤務されて自身の経験のある分野であれば，それほど苦労することなく解答することが可能であろう．しかしながら，出題分野は「**レベル表**」に記載されているすべての分野にわたるので，「実践」分野においても，自身の仕事と直接関係ない分野の学習は不可欠である．

そうはいってもやはり QC 検定の合否を分けるのは，「手法」分野のできにかかるといえる．

合格ラインとされている総合得点 **70%**を確実に超えるためには，「実践」が得意な方なら，「実践」で 80 ～ 90%を確保し，「手法」では手堅く 60%以上をねらうということになる．

一方「実践」にあまり自信のない方は，「手法」で 70 ～ 80%を確保し，「実践」では 70%以上をねらうということになる．

2. 受検生がよくつまずくこと

比較的若い方が受検することが多い 3 級では，「実践」においても，自分の日常業務となじみのうすい「**方針管理**」，「**標準化**」，「**新製品開発**」などの単元については，注意が必要である．それほどひねった問題は出題されないので，基本となる用語の意味をきちんと理解することがポイントである．

「手法」では，**QC 七つ道具**はほぼ毎回出題されている．各手法を使う場面や作り方はもちろん，**グラフ，ヒストグラム，散布図などから得られる情報について問う問題**も出題されるので，「**図表からデータの背後にある情報を読み取ること**」に

ついての学習が必要である．

「**統計的方法の基礎**」の分野は，多くの方が苦手とする分野である．逆に言えば，この分野で一定以上の得点を稼げるか否かが，合否を分けることになる．**基本統計量の計算**はほぼ毎回出題されているので，十分な準備が必要である．関数電卓は使用できず，一般的な電卓しか使えないので，本番で使用する電卓を使って例題や演習問題を確実に解けるようにしておくことは大事である．

正規分布の性質や**確率計算**も多く出題される．確率計算を行う問題では，巻末に**正規分布表**がついているので，この表の見方，使い方に慣れておくことが必要である．レベル表には，二項分布の確率も記載されているが，出題頻度は高くない．

管理図も多く出題される．$\overline{X}-R$ 管理図の**管理線の計算**と**管理状態の判定**は確実におさえておくこと．

工程能力指数の計算と工程能力の判定も確実におさえておくこと．

相関分析については，散布図からの情報と合わせて問う問題に注意し，**相関係数の計算**も確実に解けること．

【暗記すべき式】
基本統計量の計算式，正規分布の標準化の式，$\overline{X}-R$ 管理図の管理線の計算式，相関係数の式，工程能力指数の計算式

3．時間配分の仕方

試験時間は 90 分となっている．したがって小問 100 問として，見直し・点検の時間も必要なので，平均して **1 問につき 40 ～ 50 秒**で解答する必要がある．時間に余裕はないと心得るべきである．

近年の出題では，問題前半に「手法」，後半に「実践」の順番となっているが，解答順は，自分の得意分野を先に解答するのか，逆に後に回すのか，柔軟に対応すればよい．

まずは一通りの解答を**「実践」で 30 分，「手法」で 40 分**くらいを目安にするとよい．一通りとは，わからない問題はとばすということが前提である．わからない，あるいは時間がかかりそうな問題にこだわって，いたずらに時間を浪費することはさけたい．残った時間で必ず見直しを行い，マークミスの有無や必要事項の記入漏れなどを確認して，わかっている問題を取りこぼすことがないようにすること

も大事である.

マークシート方式試験では，問題用紙に解答を記入しておいて，最後に答案用紙にマークをする方もおられるが，マークミスや時間切れの懸念もあり，時間に余裕のない試験ではあまりお薦めできない．確実に，1 問 1 問**その都度マークすること**を推奨する.

ただ，見直しや試験後の自己採点を行うためには，**問題用紙に解答をメモしておく**ことも忘れてはならない．問題用紙は持ち帰りが可能である.

4. うまい解答方法

最初の解答で，60 ～ 70 分をめどに，以下の①～③を行うとよい.

① まず，**自信のある問題**は，**確実**に解答する.

② やや自信のない問題も，**とりあえず解答**をしておく.

③ **まったくわからない問題は飛ばす**．これは特に「手法」で大問の後の方の小問に多いと思われる.

残りの時間で，①については，マークの確認のみ行う．②は再度考えて，必要なら解答を修正する．③は残った時間で取り組むが，時計をにらみながら，最後は「推測や勘」でマークし，**未解答はさける**こと.

時間は限られている．ミスなく，取れるところで確実に得点を稼げれば必ずや合格に近づく.

なお，QC 検定の詳細およびレベル表(Ver.20150130.2)については，(一財)日本規格協会ホームページ“QC 検定”を参照のこと．また，各種数値表については，『新編 日科技連数値表─第 2 版』(森口繁一，日科技連数値表委員会編，日科技連出版社，2009 年)などを参照のこと.

速効！ QC検定3級 目次

第1章

データのとり方・まとめ方

品質管理では事実に基づく管理が重要であり，そのためにはデータを正しくとり，統計的に処理することが必要である．

本章では，“データのとり方・まとめ方”について学び，下記のことができるようにしておいてほしい．

- データの種類の説明
- 母集団とサンプルの意味の説明
- サンプリングと誤差の意味の説明
- 基本統計量の意味の説明
- 基本統計量の計算（データの変換を行った場合を含む）

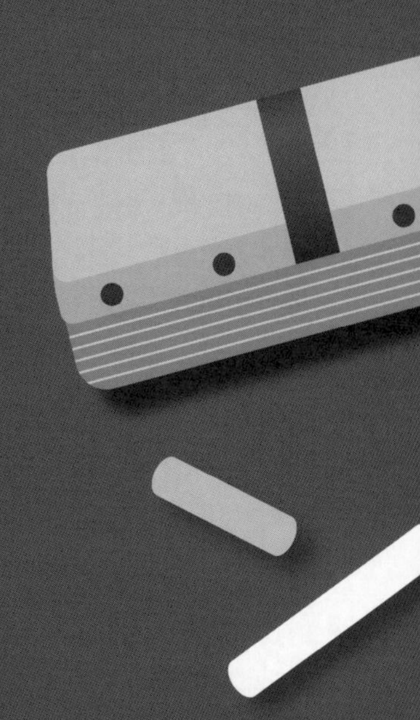

01-01 データの種類

重要度 ●●●
難易度 ■■□

1．データとは，データの種類

品質管理では，事実に基づく管理が重要である．事実をつかむためには，まず**データ**が必要である．**データ**という数字や記号などから品質情報を引き出して正しい判断を下すためには，統計的に処理することが必要である．

データの種類は下記のとおりである．

計量値は，はかることによって得られるデータで，**連続的な値**をとる．**連続的**とは，無数の値が存在し連続している状態である．

重量，長さ，温度，時間，電流，電圧などの他，収率，有効成分の含有率，金額なども計量値である．

計数値は，数えることによって得られるデータで，**不連続な値**をとる．**不連続**とは，不適合品の数のように，1個，2個，…，と離散的な値をとるものである．

不適合品数(不良品数)，不適合数(欠点数)が代表的である．

一般に，**比率**については，

$\left(\dfrac{\text{計量値}}{\text{計量値}}\rightarrow\text{計量値}\right)$，$\left(\dfrac{\text{計量値}}{\text{計数値}}\rightarrow\text{計量値}\right)$，$\left(\dfrac{\text{計数値}}{\text{計数値}}\rightarrow\text{計数値}\right)$として扱う．

一方，$\left(\dfrac{\text{計数値}}{\text{計量値}}\right)$は，連続量なので計量値であるが，計数値として扱うことが多い．例えば，単位面積当たりのキズの数の場合は，計数値に関する統計的手法を適用する．また，同じパーセントでも，不適合品率(不良率)や欠勤率は計数値として取り扱われ，収率や不純物の含有率は計量値として取り扱われる．

データの種類によって，その取扱い方法を変えなければならないこともあるので，前述の区別を知っておくことが必要である．

分類データには，ABO式の血液型など，分類したクラス間に順序や大小関係がない**純分類データ**，製品を検査し1級品，2級品，…と分類する場合など，分類のクラス間で順序関係が定義される**順序分類データ**がある．

順位データは，マラソンの順位や音楽コンクールの結果など，1位，2位，…というように，順序によって測定したものである．

言語データは，数値化できない言語情報である．言語データを扱う手法としては新QC七つ道具がある．

〔例〕データの種類

① J-POP の週ごとのランキング(位)　：**順位データ**
② ラグビーの 1 試合中のトライ数(回)　：**計数値データ**
③ 講演会の出席率(%)　：**計数値データ**
④ 飲食店での自由記載アンケート(記述文)　：**言語データ**
⑤ ビールのアルコール度数(%)　：**計量値データ**
⑥ 血液型の型(ABO)　：**分類データ**

2. データの変換

データ x_i の桁数が多い場合，数値変換すると，元のデータに比べて桁数が減り，整数化されて計算が楽になる場合が多い．また数値の桁落ちを防ぐことができる．

また，ヒストグラムを描くと右に裾を引く場合や計数値のデータなどは，データに数学的な変換を施し，新しく得られたデータを用いて各種の統計的方法を適用することが行われる(平方根変換，対数変換など)．詳細は pp.10 ～ 11 で解説する．

01-02 母集団とサンプル

重要度 ●●●
難易度 ■■□

1. 母集団とは，サンプルとは

(1) データをとる目的

- **解析用（現状把握・要因解析）**：現状の製品収率の平均値とばらつきはどれくらいか，不適合品の発生率はどうかなど，現状の実態を知るためにデータを採取する．また，反応温度と収率の関係を調べたり，原料メーカーごとの不適合品発生率などを調べ，要因解析を行う．
- **管理用**：工程の日々の変動を調べるために採取する．工程が安定状態であるかを確認し，異常がある場合は異常原因の究明と再発防止の処置を行う．
- **検査用**：受入検査，出荷検査などのために採取される．製品などの特性を試験しその結果と規格を比べ，適合・不適合の判定を行ったり，サンプルの試験結果からロットの合否を判定する．

(2) 母集団とサンプル

私たちは**サンプル**（**標本**）をとって特性を測定しデータを得る．その目的は，**サンプル**に対して処置をすることではなく，その背後にある**母集団**に関する情報を得て，処置を行うことにある（図 1.1）．

> **母集団**とは，観察やデータにより行動・処置（アクション）をとる対象の集団である．
> **サンプル**とは，母集団に関する情報を得て，母集団に対する行動・処置をとる目的をもって，母集団から抜き取ったものである．サンプルは，**標本**や**試料**とも呼ぶ．このサンプルを抜き取ることを**サンプリング**という．

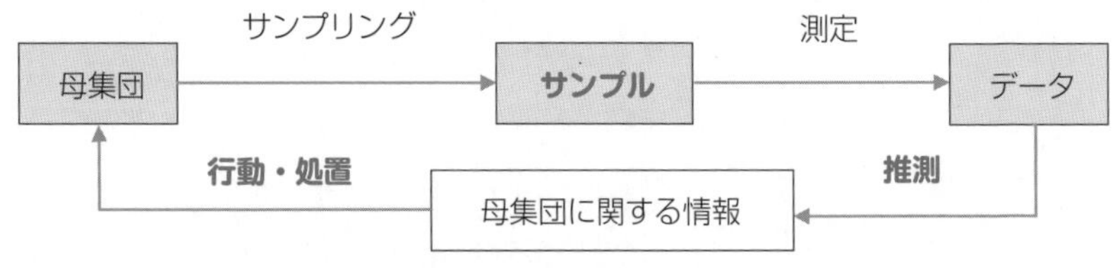

図 1.1　母集団・サンプルとデータの関係

例えば，ある県の中学 1 年生男子の体格の調査での母集団は，**県内の中学 1 年生男子全員**ということになる．また，ある製造工程からサンプルを抜き取って工程管理をしているような場合では，母集団は**製造工程全体**ということになる．

工程管理のように処置の対象が工程である場合は，母集団を構成する要素が無限であると考えられるので，**無限母集団**という．一方，ロットの合否を，抜取検査で判断するような場合は，処置の対象である母集団はロットであり，それを構成する要素(個数)は有限であるので，**有限母集団**という．

無限母集団と有限母集団の場合の，母集団とサンプルの関係を図 1.2 に示す．

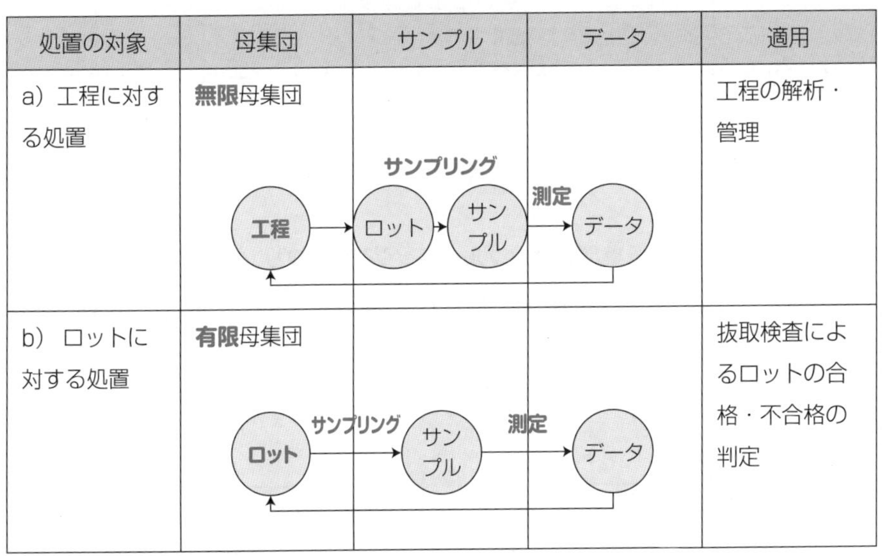

処置の対象	母集団	サンプル	データ	適用
a）工程に対する処置	**無限**母集団			工程の解析・管理
b） ロットに対する処置	**有限**母集団			抜取検査によるロットの合格・不合格の判定

図 1.2　母集団・サンプルとデータの関係

01-03 サンプリングと誤差

重要度 ●●●
難易度 ■■□

1. ランダムサンプリングとは

サンプルは，その母集団を代表するものでなければならない．通常は，**ランダムサンプリング**という方法が用いられる．

ランダムサンプリングとは，母集団を構成するものが，すべて同じ確率でサンプルとなるようサンプリングすることである．「適当に」とか「意志をもって」サンプリングを行うことではない．

図 1.3　母集団とサンプルとランダムサンプリングの関係

サンプリング法には，**二段サンプリング法，層別サンプリング法，集落サンプリング法**などの方法もある．また，何らかの基準に基づきサンプルを選ぶ**有意サンプリング法**（同じ確率にならない）もある．

2. 誤差とは

工程やロットからサンプルを採取する場合，採取するたびにサンプル間のばらつき（**サンプリング誤差**）が生ずる．また，サンプルの特性を測定するたびに測定のばらつき（**測定誤差**）も生ずる．

データのばらつき＝工程のばらつき+**サンプリング誤差**＋**測定誤差**

平均値だけではなく，ばらつきを十分考慮し，ばらつきを含めて品質の推定，工程の異常検出，ロットの合否判定をすることが重要である．

正常な作業に基づいて生ずる**サンプリング誤差**や**測定誤差**に比べて大きなばらつきが発生したときには，**異常原因**によるばらつきであると判断し，その原因追究や処置を行う．正しい作業標準を適切に用い，材料や機械に異常がないにもかかわらず，製品の品質などの結果に生じるばらつきを**偶然原因**によるばらつきという．

01-04 基本統計量

重要度 ●●●
難易度 ■■■

1. 基本統計量

サンプルからデータをまとめる際に，それを数量的な値で表すことによって，客観的な判断，比較，推定などを行うことが可能となる．このような数量的な値を**統計量**といい，その中で基本的なものを**基本統計量**という．したがって，以下に述べる基本統計量は，統計的手法の基本となるものである．

データはばらつきをもっている．このようにばらついた状態のことを「データが分布をもっている」という．すなわち，分布の様子を知ることでデータからの情報を得ることができる．

分布の様子を数量的に表すには，分布の中心がどこにあるのか，分布のばらつきがどの程度なのかを知る必要があり，それぞれいくつかの基本統計量がある．

図 1.4 のように，**計量値の分布**は，左右対称で中心付近の度数が多く，中心より離れるほど度数が少なくなる富士山型の分布を示す．このような分布を**正規分布**という．詳細は第 4 章で解説する．

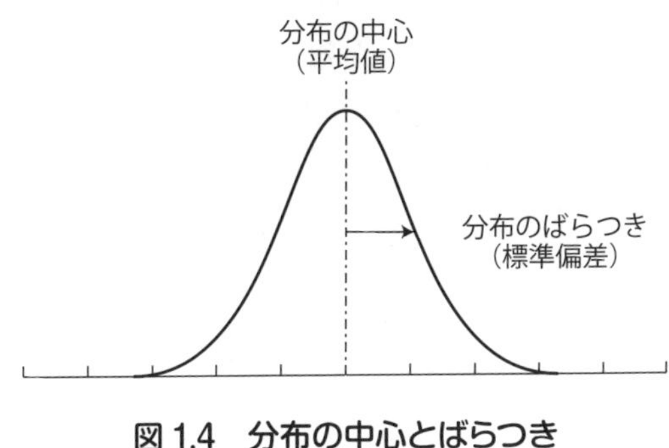

図 1.4 分布の中心とばらつき

2. 分布の中心を表す基本統計量

(1) 平均値 $\bar{x}$

> **平均値**は，もっとも基本的な統計量で，**算術平均**ともいう．

n 個のデータを x_1，x_2，x_3，…，x_n とすると，次の式によって平均値 $\bar{x}$ を求めることができる．

$$平均値\ \bar{x} = \frac{(\textbf{データの総和})}{(\textbf{データの数})} = \frac{x_1 + x_2 + \cdots + x_n}{n} = \frac{\sum x_i}{n}$$

平均値は通常データ数 n が 20 個くらいまでなら測定値の 1 桁下まで求め，20 個以上の場合は 2 桁下まで求めるのが一般的である．

(2) メディアン(**中央値**) $\tilde{x}$

メディアンは，得られたデータを大きさの順に並べかえたときの**中央の値**をいう．

データの数が奇数個のときは中央の値とし，偶数個のときは中央の 2 つの値の平均値とする．記号 $\tilde{x}$（または Me）で表される．一般的に，メディアンは平均値に比べ推定精度は劣るが，計算が簡便であることと，データに異常値(外れ値)がある場合に，その影響を受けないで分布の中心を知ることができる利点がある．

3. 分布のばらつきを表す基本統計量

ばらつきを表す統計量には，**平方和**(**偏差平方和**と呼ばれることもあるが，本書では**平方和**と呼ぶ)，**分散**(**不偏分散**と呼ばれることもあるが，本書では**分散**と呼ぶ)，**標準偏差**，**範囲**，**変動係数**などがある．

(1) 平方和 S

データのばらつき具合を見るには，まずは，おのおののデータ x_i と平均値 $\bar{x}$ との差に注目すればよい．この差$(x_i - \bar{x})$を**偏差**と呼ぶ．

しかし，偏差の総和は，以下の式でもわかるように，常に，0 になってしまうので，ばらつきの尺度にはならない．

$$\sum (x_i - \bar{x}) = \sum x_i - n\bar{x} = \sum x_i - n \times \frac{\sum x_i}{n} = \sum x_i - \sum x_i = 0$$

そこで，

偏差を 2 乗(平方)したものの和を**平方和 S** とし，以下の式で求める．

$$\begin{aligned}平方和\ S &= (\textbf{各データの値} - \textbf{平均値})^2\ \textbf{の和}) \\ &= (x_1 - \bar{x})^2 + (x_2 - \bar{x})^2 + \cdots + (x_n - \bar{x})^2 = \sum (x_i - \bar{x})^2\end{aligned}$$

また，この式を変形して，

$$平方和\ S = \sum (x_i - \bar{x})^2 = \sum x_i^2 - 2\sum x_i \cdot \bar{x} + \sum \bar{x}^2$$

$$=\sum x_i^2-2\bar{x}\sum x_i+\bar{x}^2\sum 1=\sum x_i^2-2\frac{\sum x_i}{n}\cdot\sum x_i+n\left(\frac{\sum x_i}{n}\right)^2$$

$$=\sum x_i^2-\frac{\left(\sum x_i\right)^2}{n}$$

$$=(\text{各データ})^2\text{の和}-\frac{(\text{各データの和})^2}{(\text{データ数})}$$

と求めることもできる．データ数が多いときは，この計算方法が便利であることが多い．

平方和 S は分布の平均値から離れたデータが多いほど値が大きくなる．したがって，ばらつきが大きい場合には平方和の値も大きくなる．

(2)　分散 V

平方和 S は，データのばらつきを表す統計量であるが，式からもわかるように，データ数が大きくなると S の値も大きくなってしまう．同じ母集団から採取されたデータであるにもかかわらず，データの数によってばらつきの値が異なるのは不都合である．そこで，

> データ数の影響を受けない尺度として，**分散 V** を用いる．

$$\text{分散 } V=\frac{(\text{平方和})}{(\text{データの数})-1}=\frac{S}{n-1}=\frac{\sum(x_i-\bar{x})^2}{n-1}$$

$$=\frac{\sum x_i^2-\frac{\left(\sum x_i\right)^2}{n}}{n-1}$$

(3)　標準偏差 s または $\sqrt{V}$

平方和も分散も，元のデータの 2 乗の形になっているので，その単位も元のデータの 2 乗になっている．これは偏差や元のデータと比較する場合には不都合である．そこで，

> **分散Vの平方根**をとり，元のデータの単位に戻した標準偏差 $s=\sqrt{V}$ を用いる．

標準偏差 $s=(\text{分散の平方根})=\sqrt{V}$

$$=\sqrt{\frac{S}{n-1}}=\sqrt{\frac{\sum(x_i-\bar{x})^2}{n-1}}=\sqrt{\frac{\sum x_i^2-\frac{(\sum x_i)^2}{n}}{n-1}}$$

(4) 範囲 R

1 組のデータの中の最大値と最小値の差を**範囲 R** と呼ぶ.

範囲 R =(**最大値**)−(**最小値**)= $x_{\max}-x_{\min}$

範囲も分布のばらつき(広がり具合)を表す統計量であり，簡便に求めることができるという特徴がある．しかし，最大値と最小値以外のデータは直接用いられないため，データ数が多くなってくると，標準偏差に比べばらつきの尺度としての推定精度が悪くなる．したがって，普通，データ数が 10 以下のときに用いられる.

(5) 変動係数 CV

標準偏差と平均値の比を**変動係数 CV** といい，パーセントで表す.

$$変動係数\ CV=\frac{(\textbf{標準偏差})}{(\textbf{平均値})}\times 100=\frac{s}{\bar{x}}\times 100 \quad (\%)$$

変動係数 CV は，平均値に対するばらつきの相対的な大きさを表す．ばらつきの程度が同じでも，平均値が小さければ，相対的に大きく変動していると考えられる.

4. データの数値変換の計算

電卓や手計算で計算する際，データ x_i の桁数が多い場合は，数値変換して整数化し，計算をしやすくする.

(1) 数値変換

元のデータ x_i から，ほぼ平均値と思われ，しかも引きやすく，きりのよい値 x_0 を求める．なお，x_0 がどのような値であっても $\bar{x}$ は変わらない．x_i-x_0 に小数点以下の桁がある場合には，10，100 などをかけて整数化し，また桁下に 0 がある場合には，1/10，1/100 などをかけて，桁下に 0 のない整数とする．この 10，100，/10，1/100 などの数を g とする．数値変換した値を X_i で表すと，X_i は次のようになる.

X_i = {(**各データ**)−(**変換のための値**)}×(**整数化のための係数**)

$= (x_i - x_0) \times g$

これをデータの数値変換という．

(2)　平均値の計算(数値変換して求める方法)

この場合の平均値 $\bar{x}$，偏差平方和 S の計算は，次のようになる．平均値 $\bar{x}$ は，X_i についての平均値 $\bar{X}$ を求め，数値変換を元の単位に戻し，次式で計算する．

$$\bar{x} = (\text{変換のための仮の値}) + \frac{(\text{変換したデータの合計})}{(\text{データの数})} \times \frac{1}{(\text{整数化のための係数})}$$

$$= x_0 + \frac{\sum X_i}{n} \times \frac{1}{g} = x_0 + \frac{X_1 + X_2 + \cdots + X_i + \cdots + X_n}{n} \times \frac{1}{g}$$

(3)　平方和の計算(数値変換して求める方法)

$X_i = (x_i - x_0) \times g$ により，データ x_i を X_i に数値変換して，次式によって計算する．

$$S = \left\{ \left(\begin{matrix}\text{変換したデータ}\\\text{の 2 乗の合計}\end{matrix}\right) - \frac{\left(\begin{matrix}\text{変換したデータ}\\\text{の合計}\end{matrix}\right)^2}{(\text{データの数})} \right\} \times \frac{1}{\left(\begin{matrix}\text{整数化のための}\\\text{係数}\end{matrix}\right)^2}$$

$$= \left\{ \sum X_i^2 - \frac{\left(\sum X_i\right)^2}{n} \right\} \times \frac{1}{g^2}$$

例題 1.1

電子製品を製造している工程から 6 個のサンプルを採取し，下記の出力電流(mA・ミリアンペア)を測定した．平均値 $\bar{x}$，メディアン $\tilde{x}$，平方和 S，分散 V，標準偏差 s，範囲 R，変動係数 CV を求めよ．

29.2　27.0　31.6　29.6　33.4　30.5

【解答 1.1】

(1)　数値変換し，表 1.1 の補助表を作成する

1)　x_i の項に各データを記入する

2) 計算を簡単にするために，仮の平均値 x_0=30.0 と決める
3) $x_i - x_0$ の項に $x_i - 30.0$ の値を計算する
4) $x_i - 30.0$ が整数になるように掛ける値を $g = 10$ と決める
5) x_i の項に $(x_i - 30.0) \times 10$ の値を計算する
6) X_i^2 の項に X_i^2 の値を計算する
7) 合計欄に X_i, X_i^2 の合計の値を計算する．X_i の合計は $\sum X_i$, X_i^2 の合計は $\sum X_i^2$ で表す

表 1.1　補助表(数値変換をする)

No.	x_i	$x_i - x_0$	X_i	X_i^2
1	29.2	**−0.8**	**−8**	**64**
2	27.0	**−3.0**	**−30**	**900**
3	31.6	**1.6**	**16**	**256**
4	29.6	**−0.4**	**−4**	**16**
5	33.4	**3.4**	**34**	**1156**
6	30.5	**0.5**	**5**	**25**
合計	—	—	$\sum X_i = 13$	$\sum X_i^2 = 2417$

(2)　平均値 $\bar{x}$

$$\bar{x} = (\text{変換のための仮の平均値}) + \frac{(\text{変換したデータの合計})}{(\text{データの数})} \times \frac{1}{(\text{整数化のための係数})} = x_0 + \frac{\sum X_i}{n} \times \frac{1}{g} = 30 + \frac{13}{6} \times \frac{1}{10}$$

$$= 30.22 \quad (mA)$$

(3)　メディアン(中央値) $\tilde{x}$

データを小さいものから順番に並べかえる．

27.0　29.2　29.6　30.5　31.6　33.4

この場合，データ数が **6** で**偶数**なので，小さいほうから **3** 番目のデータ **29.6** と **4** 番目のデータ **30.5** の**平均値**がメディアンとなる．

$$\tilde{x} = \frac{29.6 + 30.5}{2} = 30.05 \quad (mA)$$

(4)　平方和 S

$$S = \left\{ \begin{pmatrix}\text{変換したデータ}\\ \text{の 2 乗の合計}\end{pmatrix} - \frac{\begin{pmatrix}\text{変換したデータ}\\ \text{の合計}\end{pmatrix}^2}{(\text{データの数})} \right\} \times \frac{1}{\begin{pmatrix}\text{整数化のための}\\ \text{係数}\end{pmatrix}^2}$$

$$= \left\{ \sum X_i^2 - \frac{\left(\sum X_i\right)^2}{n} \right\} \times \frac{1}{g^2} = \left\{ 2417 - \frac{13^2}{6} \right\} \times \frac{1}{10^2} = 23.888$$

ここでは，データを数値変換して求めたが，数値変換しないで直接求めても，以下のように同じ値が得られる．

$$S = \left((\text{各データ} - \text{平均値})^2 \text{の和} \right) = \sum (x_i - \bar{x})^2$$

$$= (29.2 - 30.22)^2 + (27.0 - 30.22)^2 + (31.6 - 30.22)^2$$
$$+ (29.6 - 30.22)^2 + (33.4 - 30.22)^2 + (30.5 - 30.22)^2$$
$$= 23.888$$

(5)　分散 V

$$V = \frac{(\text{平方和})}{(\text{データ数}) - 1} = \frac{23.888}{6 - 1} = 4.778 \quad ((mA)^2)$$

(6)　標準偏差 s

$$s = (\text{分散の平方根}) = \sqrt{V} = \sqrt{4.778} = 2.19 \quad (mA)$$

(7)　範囲 R

$$R = (\text{最大値}) - (\text{最小値}) = x_{max} - x_{min} = 33.4 - 27.0 = 6.4 \quad (mA)$$

(8)　変動係数 CV

$$CV = \frac{(\text{標準偏差})}{(\text{平均値})} \times 100 = \frac{2.19}{30.22} \times 100 = 7.25 \quad (\%)$$

例題 1.2

ある部品の重要特性である厚さについて，製造工程のラインAとラインBで違いがあるかどうかを調査することになり，下記のデータを得た．

ラインAは，データの数が10，データの合計が474，平方和が112.40，ラインBは，データの数が9，データの合計が450，平方和が106.00である(表1.2)．

ラインAとラインBの平均値，標準偏差，変動係数の大小関係を比較せよ．

【解答 1.2】

表1.2　平均値，標準偏差などの計算

統計量	ラインA	ラインB
データの数	10	9
平均値	**474/10＝47.4**	**450/9＝50.0**
平方和	112.40	106.00
分散	**112.40/9＝12.49**	**106.00/8＝13.25**
標準偏差	$\sqrt{12.49}=3.53$	$\sqrt{13.25}=3.64$
変動係数	$\frac{3.53}{47.4}\times 100=7.45$	$\frac{3.64}{50.0}\times 100=7.28$

平均値はライン**B**のほうが大きい．

平方和はライン**A**のほうが大きく，標準偏差はライン**B**のほうが大きい．

変動係数は，ライン**A**のほうが大きい．

これができれば合格！

- データの種類，計量値，計数値などの理解
- 母集団，サンプル，データの関係の理解
- ランダムサンプリング，サンプリング誤差，測定誤差の理解
- 平均値，メディアン，平方和，分散，標準偏差，範囲，変動係数，数値変換の理解

第2章

QC 七つ道具

品質管理を進めるうえで基礎となるデータのまとめ方に関する道具に，QC 七つ道具がある．

本章では“QC 七つ道具 ”について学び，作り方・使い方を理解して活用してほしい．

- パレート図の作り方と見方の理解
- 特性要因図の作り方と使い方の理解
- チェックシートの作り方と使い方の理解
- ヒストグラムの作り方、平均値と標準偏差の計算方法．分布の形，規格との比較の理解
- 散布図の作り方と見方の理解
- グラフの種類，作り方と見方の理解
- 層別のやり方の理解

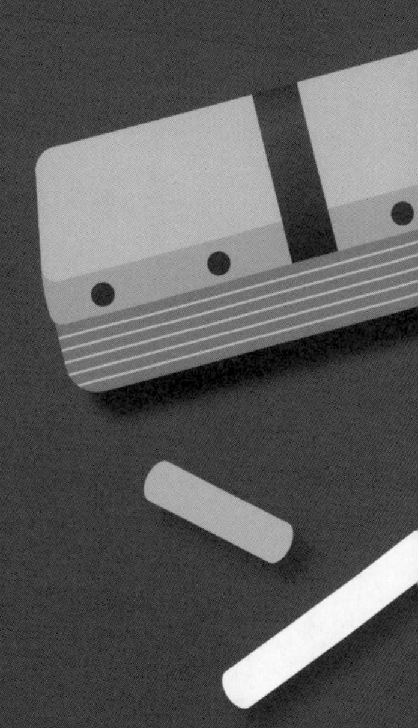

第2章 QC七つ道具

02-01 パレート図

重要度 ●●●
難易度 ■■□

1. パレート図とは

“パレート図”とは,「不適合品数(不良品数),不適合数(欠点数),故障などの発生件数や損失金額を分類項目別に分け,データ数の大きい順に並べ,棒グラフと累積曲線を図にしたもの」である.

パレート図により,不適合や故障などについて「どの項目に問題が多いか」,「その影響はどの程度か」を見出すことができる.

多くの分類項目があっても,大きな影響を与えているのは2～3項目である.これを**“パレートの法則”**という.不適合品や設備故障を改善するためには,これらの影響の大きな項目を取り上げると効果的である.

大方の結果を支配する少数の要因を見つけて解決に取り組む考え方を**“重点指向”**という.

パレート図の一例を図2.1に示す.

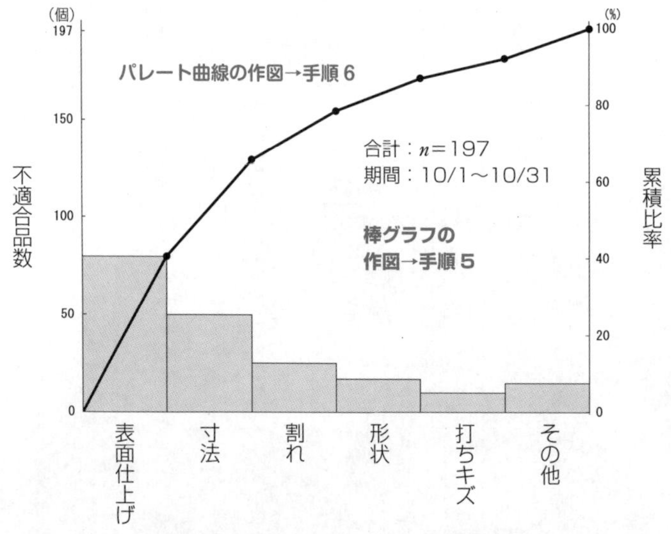

図2.1 機械部品製造工程の不適合項目別のパレート図

2. パレート図の作り方

手順 1　期間を決めてデータを集める

不良(不適合)，災害，ミスなど問題になっているものについてデータを集める．データを集める期間は，問題の発生状況や性質によっても異なるが，おおむね 1 カ月～ 3 カ月程度がよい．

手順 2　データをその原因や内容によって分類する

原因：材料別，機械・装置別，作業者別，作業方法別など

内容：不適合項目別，場所別，工程別，時間別など

手順 3　分類項目別にデータを集計し，集計表を作成する

① データの**大きい**順に分類項目を並べる．

② 影響の小さい項目はまとめて「その他」とする．また「その他」は，他の項目より大きくても，**一番最後**に並べる．

③ 分類項目ごとに累積数を求める．

図 2.1 では不適合項目別に分類して表2.1 のような集計表を作成した．

「その他」は少数の不適合項目を集めたものなので一番最後に並べている．

表 2.1　パレート図作成のための集計表

不適合項目	不適合品数	累積不適合品数	比率(%)	累積比率(%)
表面仕上げ	80	80	40.6	40.6
寸法	50	130	25.4	66.0
割れ	25	155	12.7	78.7
形状	17	172	8.6	87.3
打ち半ズ	10	182	5.1	92.4
その他	15	197	7.6	100.0
合計	197	—	100.0	—

ここで，$\text{比率}(\%) = \dfrac{(\text{各項目の不適合品数})}{(\text{不適合品数の合計})} \times 100$

$\text{累積比率}(\%) = \dfrac{(\text{各項目の累積不適合品数})}{(\text{不適合品数の合計})} \times 100$　である．

手順４　グラフ用紙に縦軸を記入する

> 縦軸は，データ数の合計より少し大きく，きりのよい数字を上端にとって目盛を入れる．

ここで，表 2.1 では不適合品数の合計が 197 個なので，200 個まで作図できる目盛をとる．

手順５　グラフ用紙に横軸を記入して．棒グラフを作図する

> **データの大きい項目**から順に**左**から**右**へ棒グラフを作図して並べ，項目名を記入する．「**その他**」は一番右端にする．

図 2.1 では不適合品数の多い順番から「表面仕上げ」,「寸法」, …と左から並べているが,「その他」は少数の不適合項目を集めたものなので一番最後に並べて，それぞれの棒グラフを作図している．

手順６　パレート曲線(累積曲線)を記入する

> **累積不適合品数の値**を各棒グラフの**右肩上部**に打点し，その点を結び，折れ線を引く．折れ線の始点は**0**とする．

図 2.1 では,「寸法」の柱(棒)の右肩上部の 130 個の位置に打点し，次いで「割れ」の柱(棒)の右肩上部の 155 個の位置に打点して，折れ線(パレート曲線)を作図している．

手順７　累積比率の%目盛を記入する

① パレート曲線の右側に縦軸を立て，パレート曲線の始点に対応する目盛を**0**(**%**)，終点に対応する目盛を**100**(**%**)とする．

② 0～100%の間を定規などで 5 等分または 10 等分し，%の目盛を入れる．

図 2.1 では累積不適合品数 **197** 個の位置が，累積比率の **100**%の位置となる．

手順８　図のタイトル，データの期間，データ数合計，作成日などの必要事項を記入する

<図 2.1 のパレート図の考察>

図 2.1 では「**表面仕上げ不良**」がもっとも多く，全体の約 **40**%を占めていることがわかる．また,「**寸法不良**」を含めると全体の約 **70**%を占めており，この 2 つの不良に絞って(重点指向して)対策を行うと，大きな改善効果が期待できる．

3. 改善効果を見る

改善前のパレート図と**改善後**のパレート図を，**縦軸の目盛を同じ**にして左右に並べて作成すると，**改善効果**を見ることができる(図 2.2).

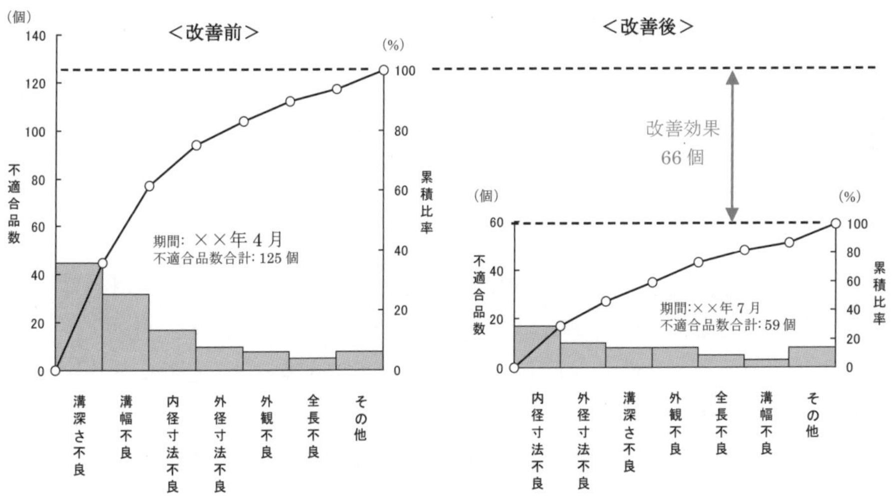

図 2.2　切削工程での不適合品数の改善前後のパレート図

4. 注意すべきポイント

① パレート図を作成して，棒の高さが**平坦**で**重点指向**できないときや改善点が見出せないようになったときは，横軸の分類項目を変えてみるとか，縦軸の特性を変えてみて(例：**不適合品数を損失金額に変える**など)，再度作成するのがよい.

② **「その他」の項目の棒の高さが，1 番や 2 番になってしまったら**,「その他」のまとめ方を含め，分類方法を見直す必要がある.

第2章 QC七つ道具

例題 2.1

A 社では新しい部品を8台の装置で製造している．それぞれの装置の停止時間を1カ月間にわたり調べたところ，表 2.2 のデータが得られた．

表 2.2　装置別停止時間調査結果

装置 No.	停止時間(分)
装置 1	520
装置 2	80
装置 3	130
装置 4	70
装置 5	270
装置 6	830
装置 7	760
装置 8	50

(1)　停止時間の少ない3つの装置のデータをまとめて「その他」として，表 2.3 のパレート図作成のための集計表を完成させなさい．

(2)　得られた集計表から作成したパレート図は図 2.3 のどれになるか，記号で答えなさい．

表 2.3　パレート図作成のための集計表

装置No.	停止時間	累積停止時間	比率(%)	累積比率(%)
装置 6	830	830	30.6	30.6
装置 **7**	**760**	**1590**	**28.0**	**58.7**
装置 **1**	**520**	**2110**	**19.2**	**77.9**
装置 **5**	**270**	**2380**	**10.0**	**87.8**
装置 **3**	**130**	**2510**	**4.8**	**92.6**
その他	**200**	**2710**	**7.4**	**100.0**
合計	**2710**	—	**100.0**	—

ここで，$比率(\%)=\frac{(各項目の停止時間)}{(停止時間の合計)}\times 100$

$$累積比率(\%)=\frac{(各項目の累積停止時間)}{(停止時間の合計)}\times 100$$

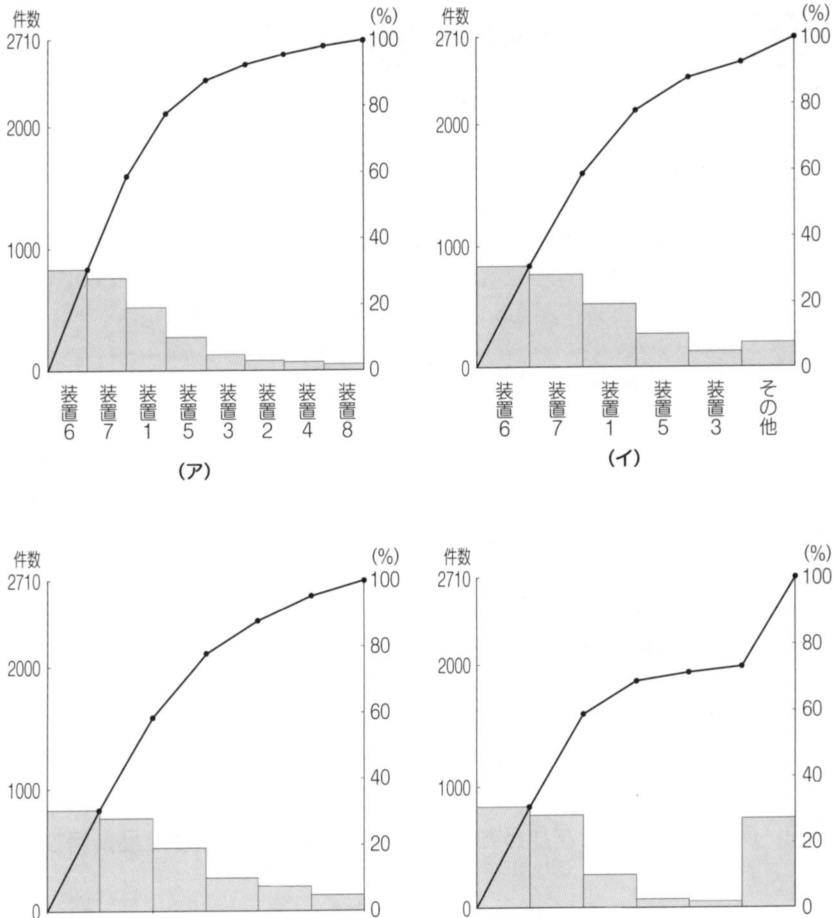

図 2.3　作成されたパレート図

【<例題 2.1>(2)の解答】

（イ）

02-02 特性要因図

重要度 ●●○
難易度 ■■□

1. 特性要因図とは

“**特性要因図**”とは,「結果(**特性**)に原因(**要因**)がどのように関係し,影響しているかを一目でわかるように書き表した図」である.形が魚の骨に似ているところから,“魚の骨図(Fishbone Diagram)”と呼ぶことがある.

特性要因図は,問題点を整理したり改善したりするときに,たくさんの人の違った意見を1枚の図の中に整理して表すことができる.例えば,クレームや不良が発生したとき,その原因について**ブレーンストーミング**の**4つのルール**を使ってたくさんの意見を出し合い,これを特性要因図に整理する.特性要因図を作成したあとは,その要因の重みづけを行い,何から検証を進めていくかを決める.図2.4に,特性要因図の一例をあげる.

2. 特性要因図の作り方(1)

手順1　特性(問題点)を決める

特性には,品質を表すもの(製品の寸法,不適合品率,歩留りなど),原価を表すもの(コスト,能率,工数,所要時間など),納期,安全,環境などがある.

手順2　幹になる矢印を左から右に引き,その先に取り上げた品質特性を書く(図2.5(a))

図2.4では「異物不良が多い」を特性とした.

手順3　要因を大骨(大枝)で書き,□で囲む(図2.5 (b))

大骨になる要因は**4M**を用いることが多いが,時間別,環境別などにする場合もある.図2.4では4Mの「人」,「成形機」,「材料」,「方法」とした.

手順4　大骨の要因のグループごとに中骨(中枝)を書き,さらに小さな要因を小骨(小枝)で書く

必要であれば,小骨に向かって**孫骨**(**孫枝**)を書く.一番末端のアクションのとれる要因まで記入する(図2.5(c)).

図2.4では,「成形機(大骨)」→「冷却水槽(中骨)」→「鉄板カバー(小骨)」→「ウレタン塗布(孫骨)」などとした.

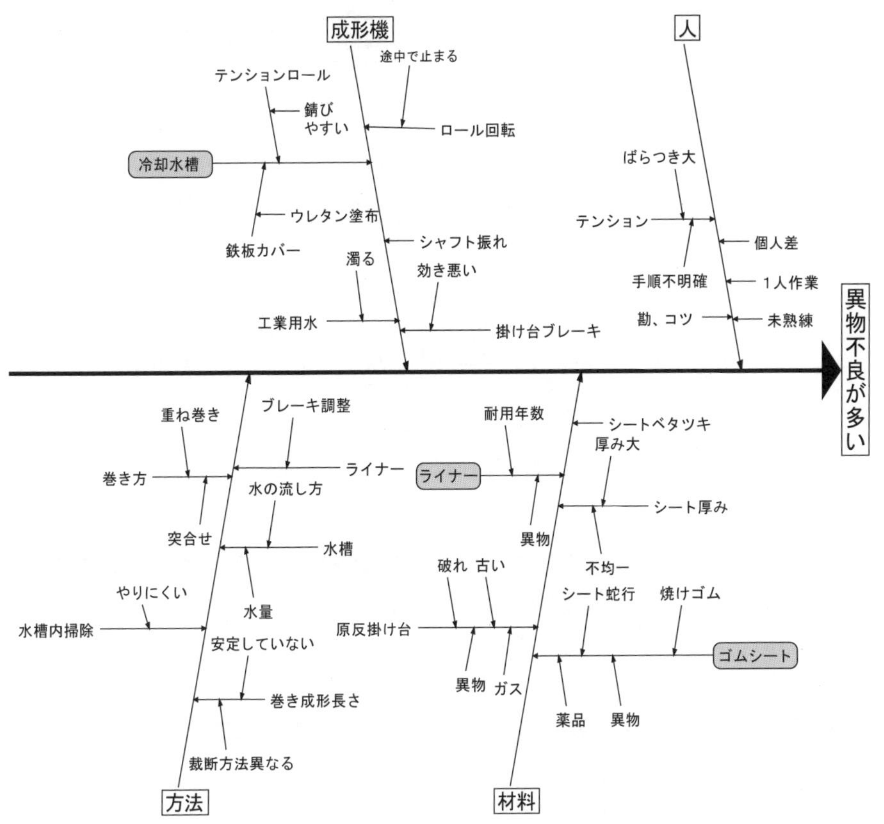

図 2.4 「異物不良が多い」の特性要因図

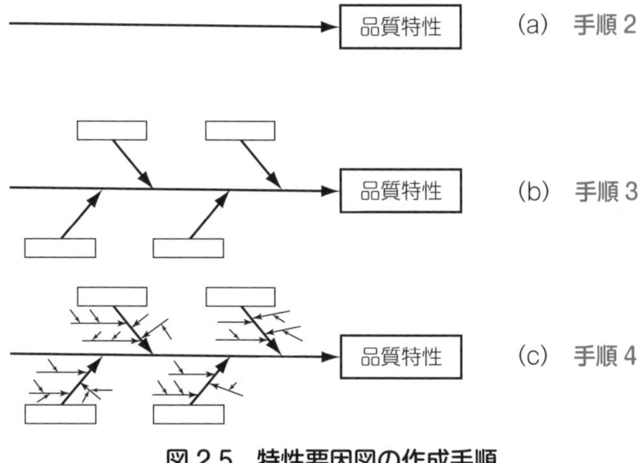

図 2.5 特性要因図の作成手順

手順 5 末端にある要因のうち，大きな影響を与えると思われるものを枠で囲んだり，◎，○などの印をつける

これを**重要要因**という．図2.4では「冷却水槽」，「ゴムシート」，「ライナー」を重要要因とした．

手順 6 特性要因図の名称，作成日など必要事項を記入する

3. 特性要因図の作り方(2)(ブレーンストーミング法)

ブレーンストーミングはアイデア発想法で，何人かの人が集まった会合の中で行うもので，4つのルールがある．

> **“ブレーンストーミング”** の4つのルール
> 「批判禁止」，「自由奔放」，「量を多く」，「便乗歓迎」

このルールは，批判は自由な発想にブレーキをかける．奇想天外な発想は他の人のアイデアを誘発する．量は質を生む．便乗歓迎はすでにあるアイデアとの結合が重要，の考え方に基づいている．

ブレーンストーミングをもとに作成した特性要因図の例を図2.6に示す．

手順 1 品質特性(問題点)を決める

図2.6では「遅刻が多い」を特性とした．

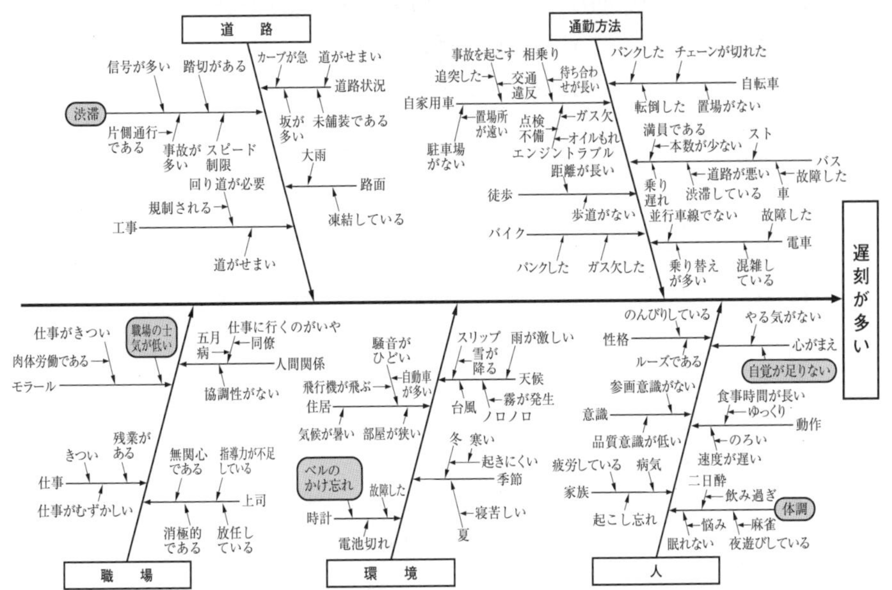

図 2.6 「遅刻が多い」の特性要因図

手順2 “ブレーンストーミング”を行い，特性に影響を与えていると思われる要因を出し合ってカードに書く

手順3 カードの分類を行う

手順2で作ったカードを並べ，カード間に親しい関係のあるものを1つにまとめる．次に各グループごとに見出しをつける．これが**中骨**になる．

図2.6では「二日酔」,「飲み過ぎ」,「眠れない」,「悩み」,「夜遊びしている」,「麻雀」の6枚をまとめ「体調」の見出し(**中骨**)をつけた．

手順4 大骨を作り，特性要因図の形に組み立てる

中骨の見出しから関係あるものを1つのグループにまとめ，これに大骨の見出しをつける．**大骨**は4～8くらいが望ましい．これらのグループを特性要因図の形に組み立てていく．

図2.6では「体調」,「家族」,「動作」,「意識」,「心がまえ」,「性格」の6つの中骨をまとめ,「人」の見出し(**大骨**)をつけた．

手順５　末端にある要因のうち，大きな影響を与えると思われるものを，枠で囲んだり，◎，○などの印をつける

これを重要要因という．図2.6では「渋滞」，「自覚が足りない」，「体調」，「ベルのかけ忘れ」「職場の士気が低い」を重要要因とした．

手順６　特性要因図の名称，作成日など必要事項を記入する

4．注意すべきポイント

①　品質特性を表す表現は，「○○不良」など単に特性名にするか，「○○不良が多い」など，**結果の悪さ**を表す表現にする．

②　要因は最低**30**個以上あげるように心がける．

③　特性要因図は小骨（小枝，孫骨）にうま味があるといわれる．すっきりした骨より，**複雑な骨**になるようにこころがける．

④　要因をあげるので，**水準**は書かない．例えば「年齢」に対して小骨の要因は，「20代」，「30代」，…とはしないで，「年齢差がある」とする．

⑤　重要要因は必ず○印で囲み，**要因の検証は重要要因**から行う．

02-03 チェックシート

重要度 ●●●
難易度 ■■□

1. チェックシートとは

"**チェックシート**"とは，とったデータが簡単に記録できるように，必要な項目などを前もって印刷した用紙を準備しておき，検査結果，作業の点検結果，テスト記録などをチェックマークで簡単に記録できるようにしたものである．

データをとっても整理が不十分でタイムリーな解析ができなければ，有効な情報が得られず適切な処置がとれない．得られたデータを簡単に記録し，整理しやすい形で入手できれば非常に便利である．この要求を満足させるためにいろいろな様式のチェックシートが職場で活用されている．

2. チェックシートの種類

"**チェックシート**"はその使用目的によって，

① 不適合(不良)項目調査用　② 不適合(欠点)位置調査用
③ 工程分布調査用　④ 不適合(不良)要因調査用
⑤ 点検確認用

に分類できる．⑤は"**チェックリスト**"とも呼ばれる．

3. チェックシートの作り方と注意事項

① データの記入が簡単にできるよう工夫する．文字や数字の記入ではなく，○，×，✓，///，**正**などの記号で記入するようにする．
② 誰が，いつ，どのような方法など，5W1H が記入できる欄を設けておく．
③ 作業者にチェックさせる場合は，作って与えるのではなく，作業者とよく協議してデータの重要性を認識させる必要がある．
④ 点検確認用チェックシートは，点検項目の順番を作業の順序に合わせる．
⑤ チェック項目の見直しは定期的に行う．

4. 不適合(不良)項目調査用チェックシート

どのような不適合(不良)がどのような割合で発生しているかを調べて，発生割合の多い不良項目から処置をとるため，不良項目別にチェックする欄を設けたのが**不適合項目調査用チェックシート**である.

図 2.7 は油圧装置の不適合項目調査用チェックシートである.

不良項目(不良内訳)ごとにその度数(機械停止回数)を数えている.

職場名
ポンプ加工工場
期間
3.1〜8.31
担当者
山崎

不良内訳	度数	計
電磁弁作動不良	𝍸 ////	9
ポンプ回転不能	𝍸 ///	8
ポンプギヤ折損	////	4
油モレ	𝍸 𝍸 𝍸 𝍸 𝍸 𝍸 𝍸	35
フィルター目づまり	𝍸	5
ストレーナー目づまり	///	3
減圧バルブ不具合	𝍸	5
その他	////	4

図 2.7　不適合(不良)項目調査用チェックシートの例

5. 不適合(欠点)位置調査用チェックシート

部品や完成品のどの箇所に欠点が発生しているか，部屋や食堂ではどの箇所に汚れやキズが発生しているのかなどを調べるために，その製品のスケッチ図や部屋の見取り図上にチェックして，データを収集するのが**不適合位置調査用チェックシート**である.

図 2.8 に例を示す．耐熱手袋の破れ位置調査のため，手袋をスケッチして，破れ位置にチェックを入れるようにしたチェックシートである.

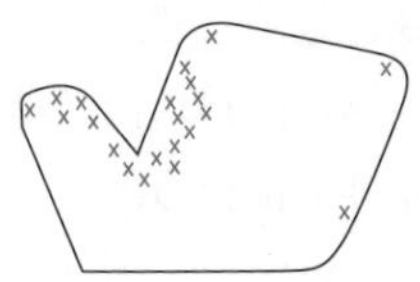

図 2.8　不適合(欠点)位置調査用チェックシートの例

6. 工程分布調査用チェックシート

部品の重さや寸法，加工時間などのデータがどのようにばらついているか，規格外れが発生しているかなどを知りたいときに，あらかじめ必要な数値や規格値を記入しておき，データが得られたらそのつど，該当欄にチェックするのが**工程分布調査用チェックシート**である．

該当欄のチェックマークの数を柱の長さにとると，ヒストグラムに類似した形状となる．図2.9に例を示す．

	分＼度数	チェック		計
加工時間	30	/		1
	31	//		2
	32	卌	規格↑	5
	33	卌 卌 ///	規格	13
	34	卌 卌 卌 ////	規格	19
	35	卌 卌 ///	規格	13
	36	卌	規格	5
	37	////	規格	4
	38	///	規格↓	3
	39	//		2
	40	//		2
	41	/		1
	42	//		3
	43	卌		5
	44	//		2
	45	/		1
		合　計		81

図 2.9　工程分布調査用チェックシートの例

7. 不適合(不良)要因調査用チェックシート

不良要因(原因)が多くある場合,これをひとつのチェックシートにまとめてチェックしていき,要因(原因)をつかもうとするのが**不適合要因調査用チェックシート**である.

図2.10は自動車部品の不良要因が,ライン別,曜日別,不良項目などもいろいろあるときに,これを一まとめにチェックできるようにした不適合要因チェックシートである.

データをライン別,曜日別,不良項目別に集計して考察すると,ライン別ではAライン**26**個,Bライン**30**個,Cライン**36**個で**C**ラインに不良が多い.また曜日別では月曜日**29**個,火曜日**17**個,水曜日**18**個,木曜日**16**個,金曜日**12**個で圧倒的に**月**曜日が多い.不良項目別では,寸法不良**40**個,加工ワレ**23**個,焼き付き**16**個,その他**13**個で,**寸法不良**が多いことがわかった.また寸法不良は**C**ラインに,加工ワレは**B**ラインに,焼き付きは**A**ラインに多いこともわかる.

	月曜	火曜	水曜	木曜	金曜	計
Aライン	○×○○×○△	○○×	×△○	○××●××●×	×○×●×	26
Bライン	○●○○△△●○○●	○●○○●●	△○○●●●●	●●△	●●○○	30
Cライン	○×△△●○△△○○○○	○○○△●○×○	△×○○○●○●	○○●△×	○○●	36
計	29	17	18	16	12	92

(記号) ○:寸法不良 ●:加工ワレ ×:焼き付き △:その他

図2.10 不適合(不良)要因調査用チェックシートの例

8. 点検確認用チェックシート

あらかじめ点検すべき項目をすべてリストアップしておき，点検するたびに簡単にチェックできるように設計されたのが**点検確認用チェックシート**である．

点検確認すべき項目は仕事前，仕事中，仕事後に分けて考えるとよい．仕事前は「装置の設定は正しいか」などの手段要因系の設定的な項目をチェックし，仕事中は「作業が正しく行われたか」，仕事後は「品質はよいか，問題ないか」などの目的特性系のチェックを行う．

図 2.11 は工事現場で使用しているチェックシートの例である．

工事現場 ： 墨田区押上
確認日 ： 20XX年 10月 10日
確認社 ： 山 田
引き継ぎ事項 ： 特になし

第三者災害防止処置	① 工事看板を、一般市民が見やすい場所に掲示しているか.	良✓	否	対象外
	② 工事関係車両出入り口の看板等は設置されているか.	良✓	否	対象外
	③ 関係者以外立ち入り禁止の表示をしているか。	良✓	否	対象外
	④ 作業中の区域は、周囲と明確に分けるため、さく等で隙間なく囲っているか.	良✓	否	対象外
	⑤ 第三者への危険が予測される場合、鍵などを設けているか.	良✓	否	対象外
	⑥ 資材置き場はさく等で囲っているか	良✓	否	対象外
	⑦ ガードマンは適切に配置しているか	良✓	否	対象外
	⑧ 通行を開放している箇所の段差対策と注意喚起等の表示をしているか。	良✓	否	対象外
	⑨ 一般車両が通行する箇所の段差対策をしているか。	良✓	否	対象外
	⑩ 歩行者の通行に危険な箇所(突起物等)には、危険表示等をしているか。	良✓	否	対象外
	⑪ 夜間に車両や歩行者が通行する場所には保安灯等を設置しているか	良✓	否	対象外
振動・騒音作業	① 特定建設作業の届出の義務を守っているか。	良	否	対象外✓
	② 騒音規制法、振動規制法の基準値を超えていないか。	良✓	否	対象外
	③ 特定建設作業以外の建設機械を使用した作業でも、近くに民家がある場合は、騒音対策を講じているか.	良	否	対象外✓
埋設物接近作業	① 埋設物管理者の立ち会いが行われたか。	良✓	否	対象外
	② 埋設物の確認はしたか.	良✓	否	対象外
交通災害防止処置	① 土砂等の運搬で過積載を行っていないか。	良✓	否	対象外
	② 工事関係者の違法駐車はないか。	良✓	否	対象外
	③ 工事関係者の飲酒運転は無いか。	良✓	否	対象外
	④ 道路使用許可条件を守って工事を行っているか。	良	否	対象外✓

図 2.11 点検確認用チェックシートの例

02-04 ヒストグラム

重要度 ●●●
難易度 ■■■

1. ヒストグラムとは

“**ヒストグラム**”とは，「長さ，重さ，時間，硬さなど計量値のデータがどんな分布をしているかを見やすく表した柱状の図」である，

データ数が大きいときは，第1章 p.10～で述べた統計的推測に加えて，分布の様子をヒストグラムでさらに詳しく探ることができる．ヒストグラムを作成すると，データをただ眺めただけではわかりにくい全体の姿が簡単にわかり，平均値やばらつきの大きさも大体知ることができる．

2. ヒストグラムの作り方

ゴムパッキングの厚さを測定したデータが100個ある(表2.4)．このデータを元にヒストグラムの作り方を解説する．

表2.4　ゴムパッキングの厚さのデータ

（単位：mm）

64.9	70.2	74.8	69.2	69.9	70.3	67.9	70.4	71.7	70.3
73.0	69.7	69.0	69.2	71.7	68.8	65.9	75.3	70.7	73.6
72.2	74.0	70.9	73.0	72.2	74.0	76.2	77.7	70.1	68.8
68.0	72.0	70.4	67.8	71.5	69.9	72.5	69.3	69.3	67.3
68.3	69.1	75.0	72.1	68.1	67.4	70.7	71.2	74.3	67.7
71.5	64.9	75.5	72.0	69.4	69.3	64.6	68.0	66.2	66.3
69.2	76.2	75.4	68.7	71.7	70.2	62.6	70.7	69.8	70.1
70.8	73.7	64.6	67.1	66.0	68.7	73.4	68.9	71.9	68.7
70.7	70.4	70.7	75.7	66.7	66.6	69.8	66.7	73.1	73.8
72.6	70.7	75.0	68.6	72.1	64.8	71.8	67.7	67.6	75.7

手順1　データを集める

期間を決めてデータを集める．データ数は少なくとも50個以上，できれば100個くらいあることが望ましい．表2.4のデータは100個である．

手順2　データ全体の最大値 x_{max} と最小値 x_{min} を求める

全体のデータを行や列でいくつかに区分し，その区分ごとの最大値と最小値を見つけ，次に全体の最大値と最小値を見つけるようにするとよい．

表 2.4 の場合，最大値 x_{max} = **77.7**，最小値 x_{min} = **62.6** である．

手順 3　仮の区間の数 c を求める

最大値と最小値を含む範囲を，等間隔でいくつかに分ける．区間は級と呼ばれることもあり，データ数 n を用いて次式で求める．

仮の区間数 $c = \sqrt{\textbf{データ数}} = \sqrt{n}$ （**整数値**に丸める）

表 2.4 の場合はデータ数 n = 100 なので，仮の区間の数は c = **10** となる．

手順 4　測定単位（測定の最小キザミ）を求める

測定単位とは，全データ間の差の最小の値，すなわち，測定器から読み取った目盛の間隔で，この場合は **0.1**（mm）である．

手順 5　区間の幅 h を決める

区間の幅 h=（**最大値－最小値**）／**区間の数** c　（**測定単位の整数倍に丸める**）

表 2.4 の場合，h =（**77.7** － **62.6**）／ **10** = **1.51** を測定単位 **0.1** の整数倍に丸めて，**1.5** と決める．

（注）　区間の幅を測定単位の整数倍に丸める理由

測定単位の整数倍に丸めないと，各区間に入るデータの値の候補数が異なってしまう．すなわち，各区間により入るデータの確率が異なり，結果として歯抜け型のヒストグラムになってしまうので注意を要する．

手順 6　区間の境界値，中心値を決める

区間の境界値がデータの値と一致すると，そのデータを上下どちらの区間に含めるのかわからなくなるため，区間の境界値は測定単位の 1 ／ 2 だけずらして決める．

① 第 1 区間（最小値の含まれる 1 番下の区間）の下側境界値を決める．

第 1 区間の下側境界値 ＝ 最小値－（測定単位／ 2）　で求める．

表 2.4 の場合，最小値－（測定単位／ 2）= **62.6** －（**0.1** ／ **2**）= **62.55** となる．

② 第 1 区間の上側境界値（＝第 2 区間の下側境界値）を決める．第 1 区間の上側境界値＝第 1 区間の下側境界値＋区間の幅 h で求める．

第 1 区間の下側境界値＋区間の幅 h = **62.55**＋**1.5** = **64.05** となる．

最小値 62.6 はこの第 1 区間に含まれる．

第 2 区間，第 3 区間，…の境界値を，②と同様に区間の幅を逐次加えていくことにより求める．最後は最大値が含まれる区間まで求めていく．

中心値はそれぞれの区間の下側境界値と上側境界値を加えて，2 で割って求める．

また，第 1 区間の中心値は，

第 1 区間の中心値＝(第 1 区間の下側境界値＋第 1 区間の上側境界値)／2 ＝(**62.55** ＋ **64.05**)／**2** ＝ **63.30** となる．

手順 7　度数表を作成する

表 2.5 のように，区間の境界値と中心値を入れた表を用意して，データを 1 つずつ順番にどの区間に入るかをチェックして，チェック欄に書き込んでいく．チェックの記号には，/，//，///，////，卌 や，正の字などを使えばよい．また，区間ごとの度数を合計し，データ総数と一致することを確かめる．

表 2.5　度数表

No.	区間の境界値	中心値	チェック	度数 f
1	62.55～64.05	63.30	/	**1**
2	64.05～65.55	64.80	卌	**5**
3	65.55～67.05	66.30	卌 //	**7**
4	67.05～68.55	67.80	卌 卌 //	**12**
5	68.55～70.05	69.30	卌 卌 卌 卌 /	**21**
6	70.05～71.55	70.80	卌 卌 卌 卌	**20**
7	71.55～73.05	72.30	卌 卌 卌	**15**
8	73.05～74.55	73.80	卌 ///	**8**
9	74.55～76.05	75.30	卌 ///	**8**
10	76.05～77.55	76.80	//	**2**
11	77.55～79.05	78.30	/	**1**
計	―	―		n＝**100**

手順 8　ヒストグラムの作成

図 2.12 に示すように，区間を**横軸**に，度数を**縦軸**にとって図を作るとヒストグラムができる．横軸と縦軸は，できあがったヒストグラムがほぼ正方形になるように考えて目盛をとる．横軸目盛は区間の中心値を目盛ってもよいし，区切りのよい値を記入してもよい．図の余白には，それが何に関するヒストグラムであるか，データの履歴(製品名，工程名，データのとられた期間など)，データ数を記入しておく．また，平均値，標準偏差を計算した場合はその値も記入する．さらに，規格値がある場合は，上限規格(S_U)，下限規格(S_L)を示す線を実線で，平均値を示す線を一点鎖線で記入する．

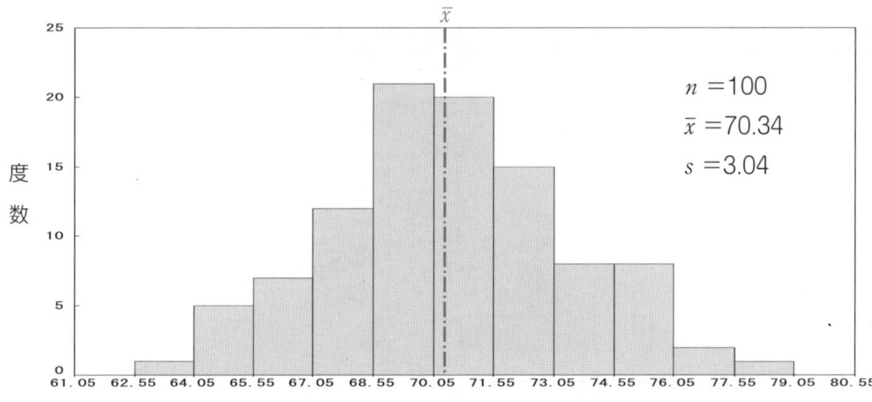

図 2.12　ゴムパッキング厚みのヒストグラム

例題 2.2

平均値，標準偏差の計算を計算せよ．なお，表 2.5 より，ゴムパッキングの厚さの 100 個のデータから計算すると，

(データの合計) $= \sum x = 7034.4$

(データの 2 乗の合計) $= \sum x^2 = 495740.40$　である．

【解答 2.2】

① 平均値 $\bar{x}$ を求める

$$\bar{x} = \frac{\text{(データの合計)}}{\text{(データ数)}} = \frac{\sum x}{n} = \frac{7034.4}{100} = 70.34$$

② 標準偏差 s を求める

$$\text{平方和 } S = \text{(データの 2 乗の合計)} - \frac{\text{(データの合計)}^2}{\text{(データ数)}}$$

$$= \sum x^2 - \frac{\left(\sum x\right)^2}{n} = 495740.40 - \frac{7034.4^2}{100} = 912.57$$

$$\text{分散 } V = \frac{\text{(平方和)}}{\text{(データ数)}-1} = \frac{S}{n-1} = \frac{912.57}{100-1} = 9.2179$$

$$\text{標準偏差 } s = \sqrt{\text{(分散)}} = \sqrt{V} = \sqrt{9.2179} = 3.04$$

3．ヒストグラムの形から分布状況を見る

名称	分布の形	説明
一般形（正常形）	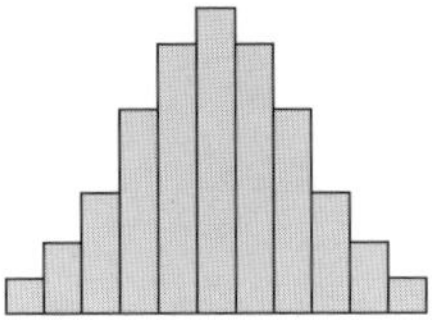	安定した工程からとられた計量値のデータは，中央が高く，左右にすそを引いた**釣鐘形**の分布（**正規分布の形**）になる
歯抜け形	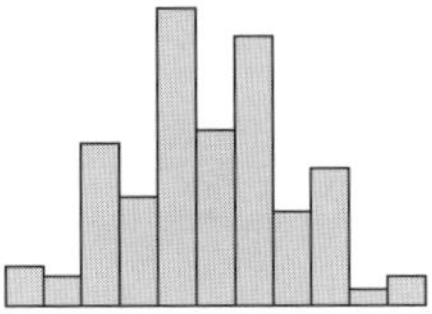	作成時の**データのまとめ方に問題があった場合**が多い．区間の幅を測定単位の整数倍にとらなかったり，測定時にデータを偏って読んでしまうとこういう形になる．
二山形	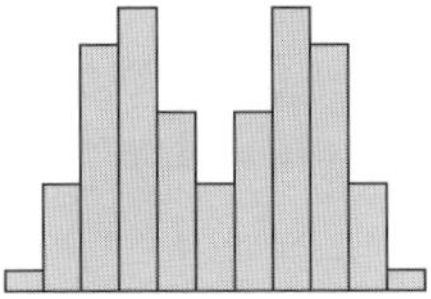	分布の山が２つある場合は，**平均の違う2つの分布が混在**しているので，何か**層別**できる要因はないかをつきとめ，２つに分けてヒストグラムを作りなおす必要がある
離れ小島形	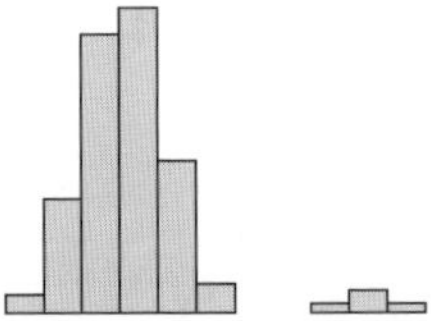	**工程の異常，違うサンプルの混入，測定のミス**などがあると，離れ小島の分布になる場合が多い．その原因を調べて，処置をとる必要がある．
絶壁形	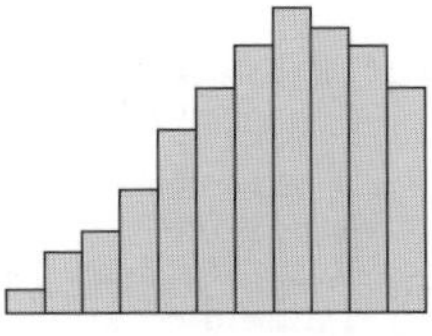	絶壁の外のデータも現実には存在した筈である．全数検査をして**規格外のものを取り除いたり**，規格外になるものに手心を加えて規格内に入れたりすると，こうなる．

4. ヒストグラムと規格値の対比

飛び離れた異常値がなく，ほぼ正常形のヒストグラムの場合は，ヒストグラムの小さい方の端から大きい方の端までの幅は，そのヒストグラムに用いたデータから求めた標準偏差の約６倍(6s)になる．図では 6s の幅を矢印(⟷)で示している．なお，工程能力指数については第６章を参照のこと．

(a)では平均値がほぼ規格の中央にあり，6s の幅が規格の幅より狭くなっている．工程能力指数 C_p を計算すると 1.21 で，**工程能力はまずまずといえる**．

(b)では平均値はほぼ規格の中央にあるが，ばらつきが大きくて両側の規格からはずれている．**ばらつきをもっと小さくする必要がある**．工程能力指数 C_p = 0.69 であり，**工程能力は不足している**．

(c)では 6s の幅は(a)と同じであるが，**平均値は大きい方にずれているので，不良品が出ている**．したがって，平均値を規格の中央にもってくることができれば(a)と同じ状態にできる．この場合，工程能力指数 C_p の値は(a)とあまり変わらない **1.14** であるが，カタヨリを考慮した工程能力指数 C_{pk} は **0.54** とかなり小さくなる．

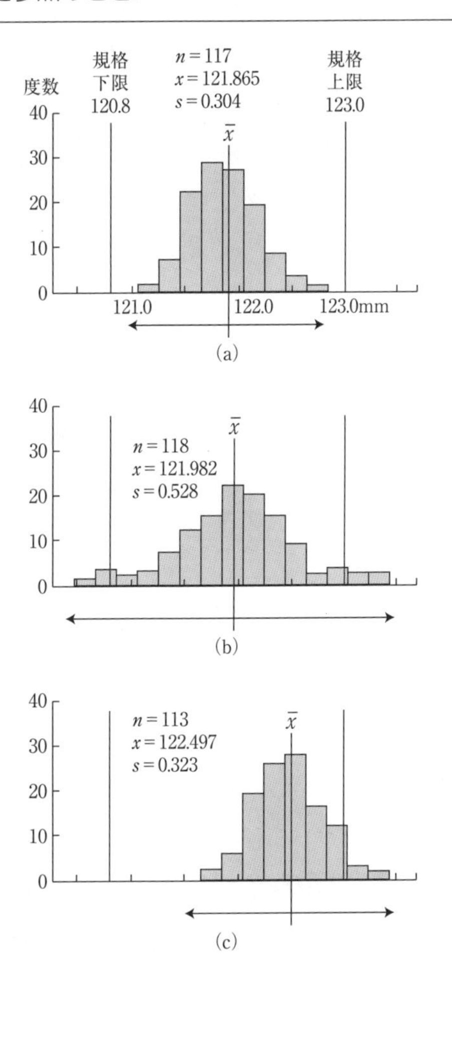

02-05 散布図

重要度 ●●●
難易度 ■■□

1. 散布図とは

2種類のデータの関係を“**相関**”と呼んでいるが，この“相関”を問題にすることが多くある．相関性を調べるために対になったデータを図に点で表したものを“**散布図**”という．

図 2.13 はある樹脂シートに添加した添加剤量 x (%) とそのときの光線透過率（樹脂シートの透明度）y (%) を“散布図”に示したものである．図 2.13 を見ると，添加剤量が増えれば，光線透過率が高くなる傾向にあることがわかる．

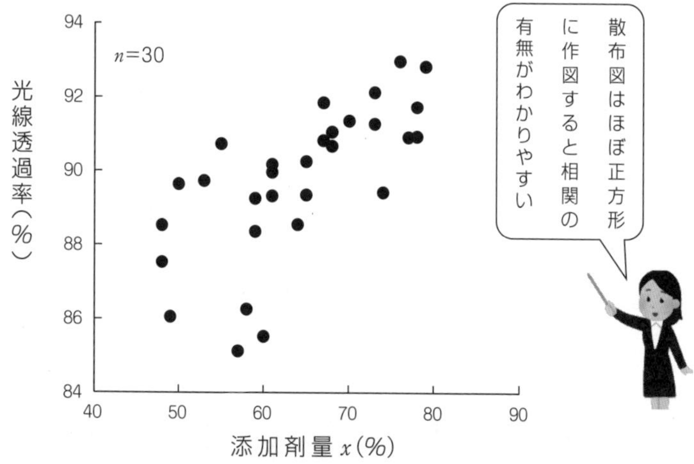

図 2.13　添加剤量と光線透過率の散布図

2. 散布図の作り方

手順1　期間を決めて対になったデータを集める

データ数が少ないと両者の関係がつかめないので，少なくとも 30 組以上を集めてデータシートにまとめる．

手順２　グラフ用紙に縦，横軸を記入する

① ２種類のデータで一方が原因(要因)，他方が結果(特性)である場合は，横軸に**要因**，縦軸に**特性**をとって作成する．

② 図を見やすくするためには，**縦軸の幅と横軸の幅がほぼ同じ**になるように目盛を決める．そのためには，縦軸の(最大値－最小値)の長さと，横軸の(最大値－最小値)の長さが同じくらいになるように目盛を決める．

手順３　データを打点する

同じ箇所に打点が重なった場合は，**二重丸**(⦿)や**三重丸**(◎)で示す．層別されたデータは●点や×点など種類を変えて打点する．

手順４　データの期間，記録者，目的など必要事項を記入する

3．散布図の使い方

(1)　相関関係を見る

xが大きくなると，yも大きくなるという関係を“**正の相関関係がある**”といい，逆にxが大きくなると，yが小さくなるという関係を“**負の相関関係がある**”という．

図 2.14 では①と③が**正の相関関係がある**場合で，①は強い正の相関があり，③は弱い正の相関がある．また，②，④は**負の相関関係がある**場合で，②は強い負の相関があり，④は弱い負の相関がある．そして，⑤は“**相関関係がない**”場合である．

(2)　異常点，層別の必要性を見る

図 2.15(a)のように集団から飛びはなれた点があれば，**異常点**の疑いがあるので，その原因を調べる必要がある．また図 2.15(b)は全体として見れば相関はなさそうであるが，**層別**して見れば相関がある場合である．逆に図 2.15(c)は全体としてみれば，正の相関がありそうであるが，**層別**すると相関がなさそうな場合である．

(3)　相関分析を行う

相関分析は第７章を参照のこと．

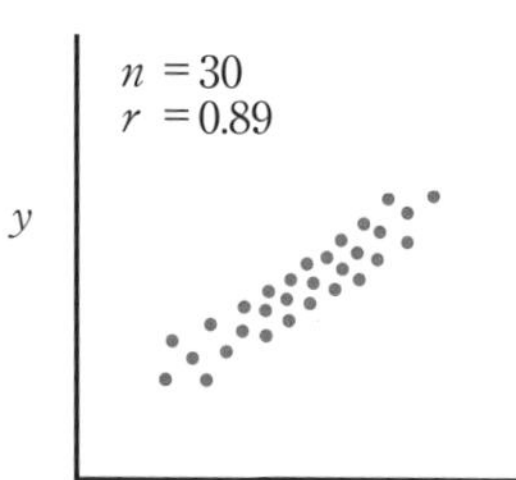

① 強い正の相関関係

n = 30
r = 0.90
y
x
② 強い負の相関関係

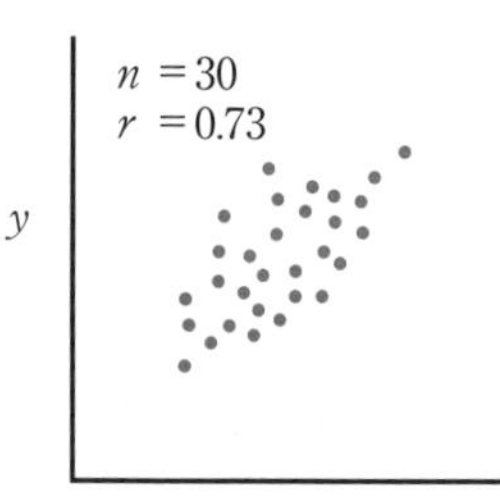

③ 弱い正の相関関係

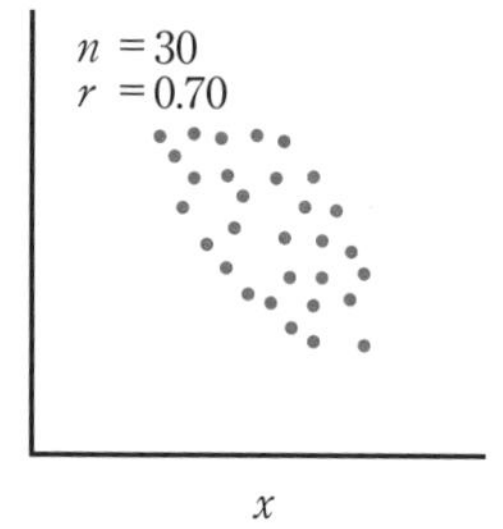

④ 弱い負の相関関係

n = 30
r = 0.06
y
x
⑤ 相関関係がない

図 2.14 相関関係

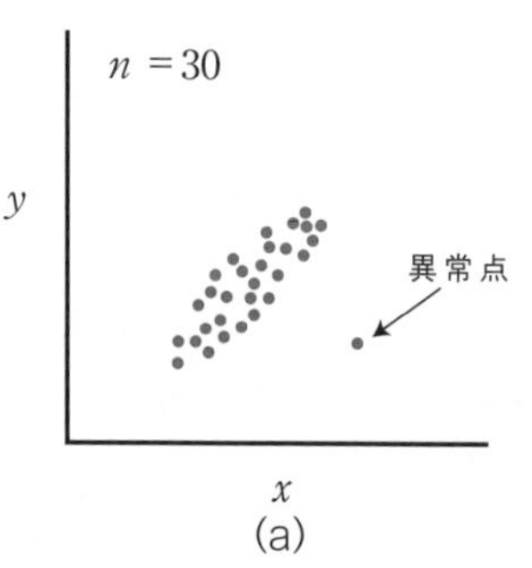

(a)

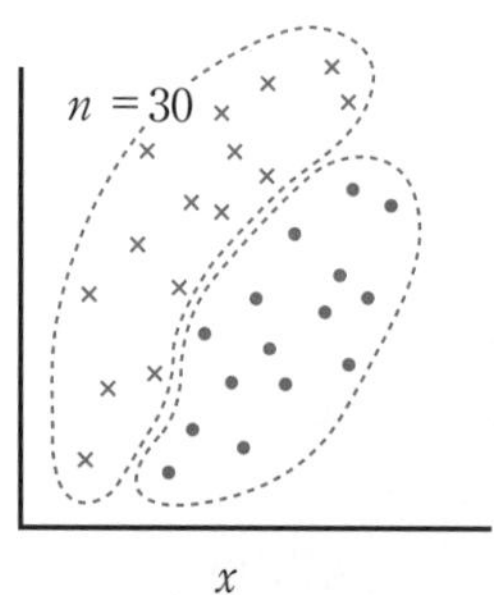

(b)

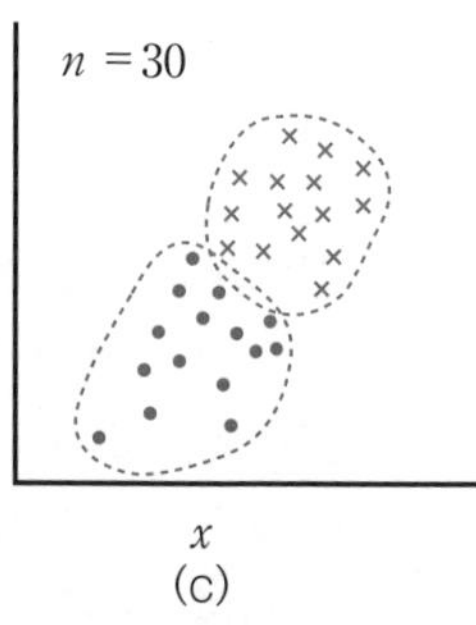

(c)

図 2.15 各種散布図

02-06 グラフ

重要度 ●●●
難易度 ■■□

1. グラフとは

われわれは事実を把握するために，いろいろなデータをとる.

データを，値や個数の大小，内訳，時間的変化などで整理して，折れ線や棒の長さ，図形の面積などで示したものが**グラフ**である.

目で見てわかりやすく，全体の状況が早く，正しくわかるように種々のグラフが作成される．グラフにはいろいろなものがあるが，ここでは**棒グラフ**，**円グラフ**，**折れ線グラフ**，**帯グラフ**，**レーダーチャート**，**ガントチャート**について解説する.

2. 棒グラフ

ある一定の幅の**棒の長さ**によって数量の大小を比較する．**棒グラフ**には棒を縦に並べた垂直棒グラフと，横に並べた水平棒グラフがある.

表 2.6(p.42)は 2018 年の輸入量の多い野菜の上位6品目を示す.

表 2.6 のデータで棒グラフを作成すると，図 2.16 となる.

図 2.16 より，「玉ねぎ」の輸入量が多いことがわかる.

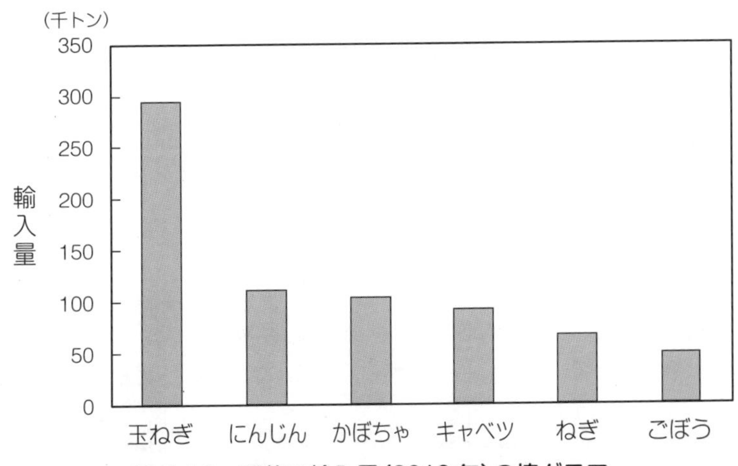

図 2.16　野菜の輸入量(2018 年)の棒グラフ

表 2.6　2018 年の野菜の輸入量

	玉ねぎ	にんじん	かぼちゃ	キャベツ	ねぎ	ごぼう	合計
輸入量	297.256	110.578	103.170	92.357	66.905	49.078	716.334
比率	41.1	15.4	14.4	12.9	9.3	6.9	100.0

単位：千トン

3. 円グラフ

全体を円やドーナツ(二重円)で表し，それをいくつかに分割して，その分割した広さによって各項目の構成割合を比較するのが**円グラフ**である．各構成割合は扇形で示される．

表 2.6 のデータで円グラフを作成すると，図 2.17 となる．図 2.17 より，「玉ねぎ」の輸入量の比率は全体の約 40%であり，次いで「にんじん」，「かぼちゃ」，「キャベツ」がそれぞれ 15%くらいであることがわかる．

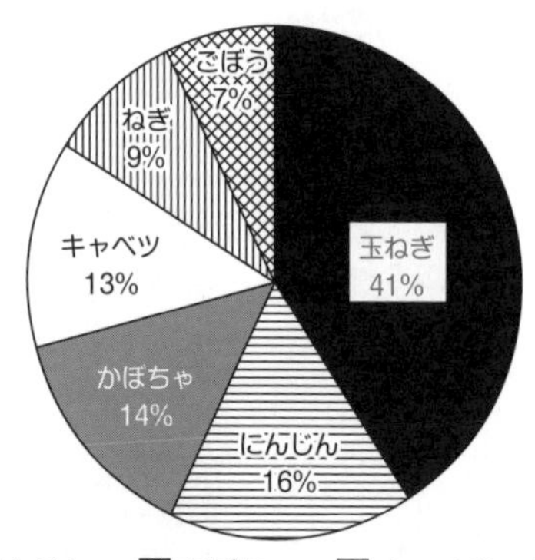

図 2.17　野菜の輸入量の上位 6 品目(2018 年)の円グラフ

4. 折れ線グラフ

折れ線グラフは，一般に縦軸に**数量**，横軸に**時間**(日，月，年などの時系列)をとり，点を線で結ぶことにより，時間とともに変化する数量の状況を把握する．

表 2.7 は輸出量の多い果物類５品目の推移を示した表である．

表 2.7　果物類の輸出量の推移(2001 年～ 2013 年)

品種	リンゴ	みかん	クリ	ナシ	モモ	合計
2001年	2.175	5.358	0.033	2.860	0.010	10.436
2007年	25.728	4.557	2.082	0.799	0.488	33.664
2013年	19.731	2.830	1.314	1.246	0.578	25.699

単位：千トン

表 2.7 のデータで折れ線グラフを作成すると図 2.18 となる．図 2.18 より，2001 年は「みかん」の輸出量がもっとも多かったが，2007 年からは「みかん」や「ナシ」は減少して，「リンゴ」が圧倒的に多くなった．

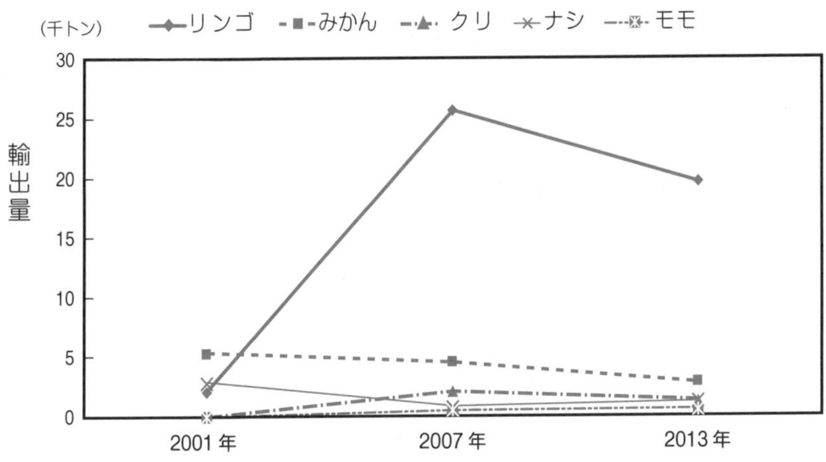

図 2.18　果物類の輸出量の推移の折れ線グラフ(2001 年～ 2013 年)

5．帯グラフ

帯グラフは，全体を細長い長方形の帯の長さで表し，それを各項目の構成割合に応じて区切ったものである帯を縦に並べて，時系列変化を見る場合によく使われる．

表 2.7 のデータで果物類の輸出量の種類別構成割合の推移の帯グラフを示すと，図 2.19 となる．図より，2001 年は「みかん」がもっとも構成比率が高かったが，2007 年からは「りんご」の構成比率が高いことがわかる．

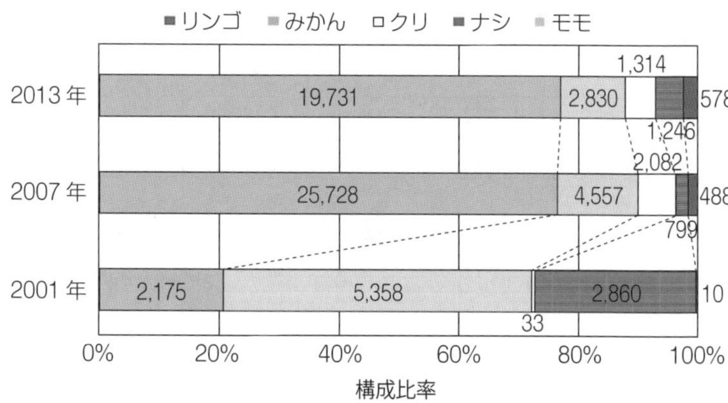

図 2.19 果物類の輸出量の種類別構成割合の年別推移の帯グラフ

6. レーダーチャート

分類項目の数だけレーダー状(放射線上)に直線を伸ばした正多角形を作成したものが**レーダーチャート**である．線の長さの点の位置によって，各構成内容の水準，バランスの状況を把握する．

図 2.20 に非喫煙者を 100%とした場合の喫煙者の部位別がん死亡率のレーダーチャートを示す．図より，肺がんと食道がんは喫煙者のがん死亡率が高いことがわかる．

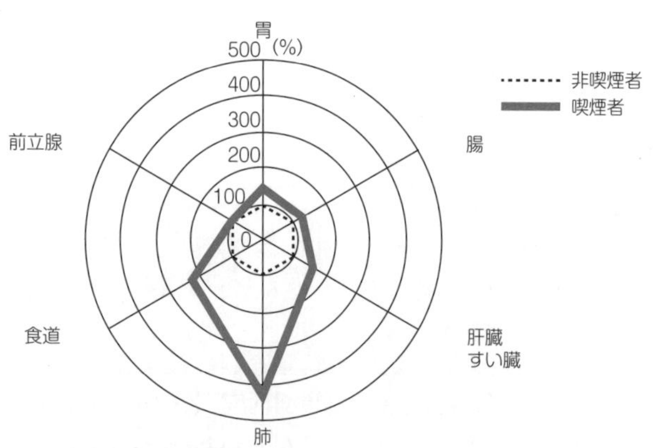

図 2.20 喫煙者・非喫煙者の部位別がん死亡率のレーダーチャート

例題 2.3

W 中学校で行ったAさん，Bさん，Cさん，Dさんの体力テスト結果のレーダーチャートを図 2.21 に示す．

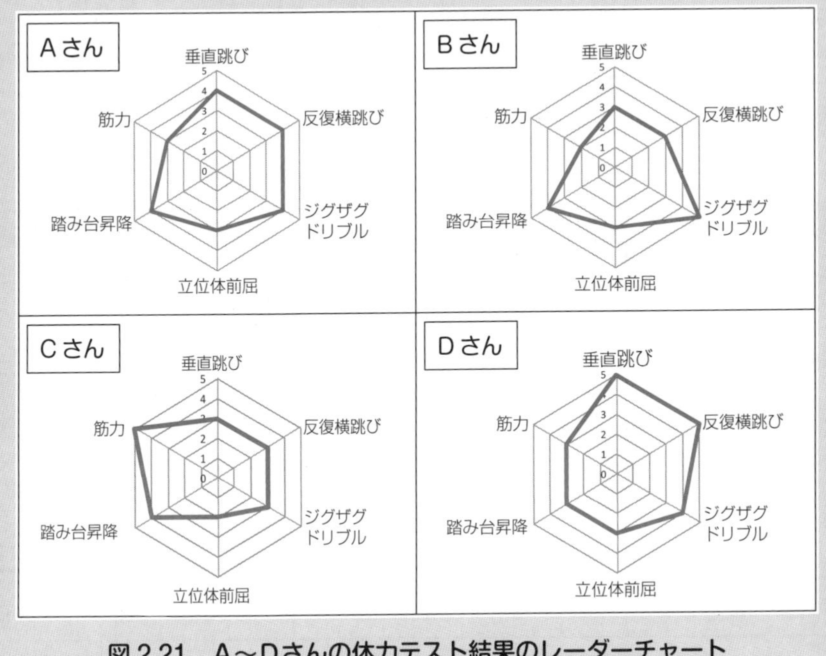

図 2.21　A～Dさんの体力テスト結果のレーダーチャート

(1)　レーダーチャートから表 2.8 を埋めなさい.

表 2.8　体力テスト結果のまとめ

	垂直跳び	反復横跳び	ジグザグドリブル	立位体前屈	踏み台昇降	筋力	総合得点
Aさん	4	4	4	3	4	3	**22**
Bさん	**3**	**3**	**5**	**3**	**4**	**2**	**20**
Cさん	**3**	**3**	**3**	**2**	**4**	**5**	**20**
Dさん	**5**	**5**	**4**	**3**	**3**	**3**	**23**
平均点	**3.75**	**3.75**	**4.00**	**2.75**	**3.75**	**3.25**	

(2)　総合得点がもっとも高いのは**D**さんで **23** 点である.

(3)　全員の平均点がもっとも高い項目は**ジグザグドリブル**で **4** 点である.

7. ガントチャート

ガントチャートは日程計画，日程管理に使うグラフであり，縦に実施項目，横に月日をとり，計画や実績を表したものである.

一般に計画(予定)は破線，実績(実施)は実線で記入する.

図 2.22 は同窓会の計画から開催までのガントチャートである.

計画 - - →　実施 ——→

No.	実施項目	担当	20△△年 8月	9月	10月	11月	12月	20××年 1月	2月	3月	4月	5月	6月	7月	8月
1	世話人依頼と打合せ日の決定	吉田	- - → ——→												
2	世話人決定と今後の実施計画の確認(打合せ)	全員		- - → ———	——→										
3	連絡先確認と参加意思確認	今井 石田			- - -	- - → ———	——→								
4	開催予定日の決定	全員					- - →								
5	開催場所の検討	高嶋 石田					- - →								
6	開催日と開催場所の決定	全員						- - →							
7	開催案内(出欠回答依頼を含む)	高嶋 吉田							- - →						
8	出欠確認	全員								- - -	- - →				
9	返事のない人の確認	高嶋 吉田										- - →			
10	開催までの最終確認	全員											- - -	- - →	
11	同窓会　開催	全員													- - →

図 2.22　同窓会実施計画のガントチャート

8. 注意すべきポイント

① グラフ作成時には，軸の名称，各項目名，目盛，目盛の値，単位など必要事項は必ず記入すること.

② グラフの表題，日付，作成者名，解説などをグラフの空白部分，または欄外に記入する.

③ あまり数値の小さい分類項目が多くあると，グラフは見にくくなる．このようなときは「その他」としてまとめるのがよい.

④ 各分類項目や強調したい箇所はハッチングや色付けをして区別し，目立つようにするのがよい.

⑤ グラフに表す数字の有効数字は通常 3 桁程度とするのがよい.

02-07 層　別

重要度 ●●○
難易度 ■■□

1. 層別とは

“**層別**”とは,「多くのデータを,そのデータのもつ特徴(機械別,材料別,作業者別など)から,**いくつかのグループ(層)に分けること**」をいう.

クレームや不良品(不適合品)の発生原因とか,部品寸法のばらつきの原因などを調査するときに,データをグループ分け(**層別**)して比較し,考察することがよく行われる.

2. 層別の対象となる項目

① **作業者別**:作業者,作業班,直,経験年数,男・女,年齢など
② **機械・装置別**:機種,号機,型式,新旧,工場,ライン,金型,炉など
③ **原料・材料別**:ロット,メーカー,購入先,産地,銘柄,貯蔵期間など
④ **時間別**:時間,午前・午後,日,曜日,週,昼・夜,作業開始時・終了時,季節など
⑤ **作業方法別**:作業方法,作業場所,加熱温度,圧力,回転数など
⑥ **環境別**:気温,湿度,天候,雨期・乾期など
⑦ **検査・測定別**:測定者,測定器,測定方法,検査員,検査場所,検査方法など

3. 注意すべきポイント

(1) 層別しやすいようにデータの履歴を明らかにしておく

① ５Ｗ１Ｈを明記する.
② 目的に応じたチェックシートを利用してデータをとる.
③ 作業日誌,伝票,記録用紙などは層別しやすいよう設計しておく.

(2) いろいろな項目で層別してみる

層間に違いがありそうな項目で層別してみる.違いがなければ,別の項目で層別をやってみる.違いがあればその原因を追究し,アクションに結びつける.

4. 層別の実施例

(1) ヒストグラムでの層別の実施例

寸法について作成したヒストグラムが図 2.23(a)である．二山形の分布になっていることがわかる．そこで、1 号機と 2 号機で層別してヒストグラムを作成したものが図 2.23(b)である．両者のばらつきの大きさにはほとんど違いはないが，1 号機の方が 2 号機より平均値が低いことがわかる．複数のヒストグラムを比較するためには，横軸の目盛の位置をそろえて描くとよい．このように，技術的に考えて，いろいろと工夫して層別を行うことによって層間の違いを調べることは，現状把握や要因解析のために非常に重要である．

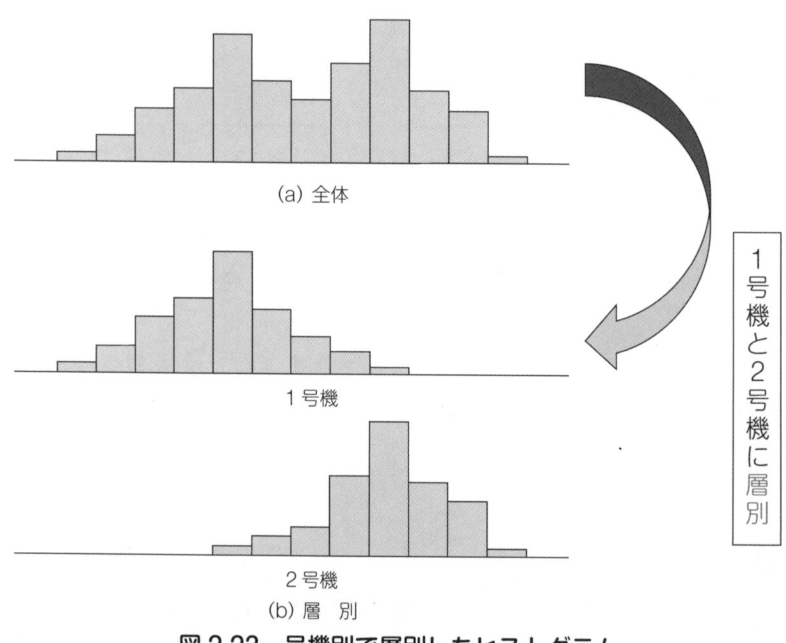

図 2.23 号機別で層別したヒストグラム

(2) パレート図での層別の実施例

鋼板の塗装を 2 つのラインで行っている．1 カ月間の不適合品内容をパレート図を作成して調べることにした．図 2.24(a)に示すように 2 つのライン全体の不適合品内容のパレート図を作成したところ，各不適合項目に差がなかった．そこで，**Aライン，Bラインで層別**して，それぞれのパレート図を作成したところ，Aラインでは「色むら」と「汚れ」が，またBラインでは「はがれ」と「クラック」が全体の約70%を占めていることがわかった．よって，この上位2項目について要因調査を行うこととした．

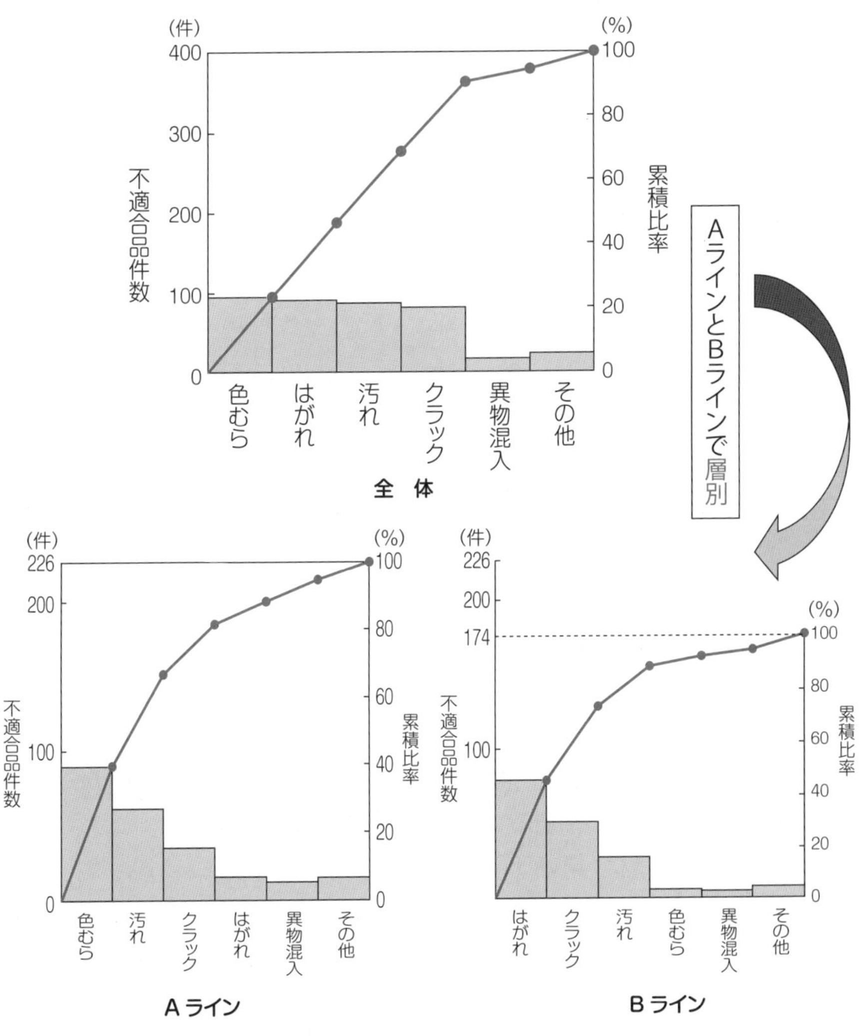

図2.24　ライン別に層別したパレート図

(3) 散布図での層別の実施例

図 2.25 はあるデパートの 1 日の入店者数と売上高の関係を示したものである．全体としてみると，**相関関係はなさそう**に見えるが，低価格汎用商品(A 商品：●印)と高価格嗜好商品(B 商品：△印)とに**層別**して作図してみると，低価格汎用商品 A は入店者数と売上高に**正の相関**があることがわかる．一方，高価格嗜好商品 B は入店者数と売上高の間に**相関関係はなさそう**である．

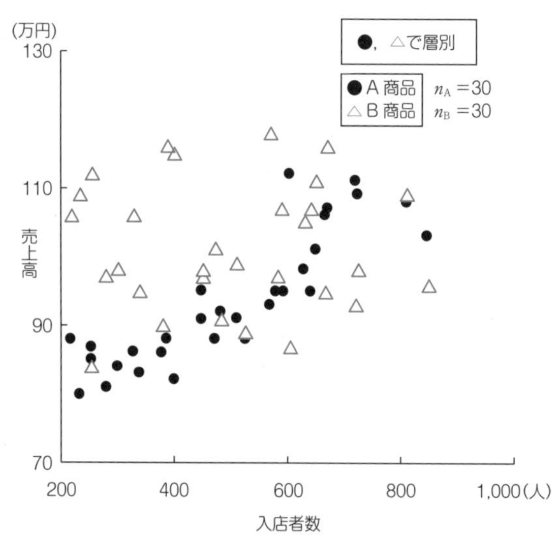

図 2.25 A商品とB商品で層別した入店者数と売上高の散布図

これができれば合格！

- QC 七つ道具：パレート図，特性要因図，チェックシート，ヒストグラム，散布図，グラフ，および層別について，その作り方の理解
- QC 七つ道具の見方・使い方の理解

第3章

新 QC 七つ道具

新 QC 七つ道具は，問題解決や課題達成において主に言語データを扱う手法として広く使われている．

本章では，“新QC 七つ道具 ”について学び，下記のことができるようにしておいてほしい．

- 新 QC 七つ道具の説明，使用目的，作り方，使い方
- 新 QC 七つ道具で出来上がった図の見方
- 系統図法で系統的に展開するやり方
- PDPC法の事前予測とプロセスの展開の説明
- アローダイアグラム法の各日程計算
- マトリックス・データ解析法（主成分分析法）の意味の説明

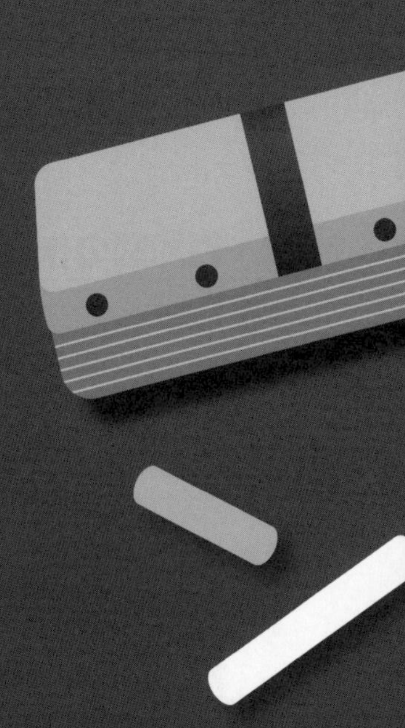

03-01 親和図法

重要度 ●●●
難易度 ■■□

1. 親和図法とその適用

“**親和図法**”とは,「これから先の未来や将来の問題や課題, 今までの未知や未経験の問題など, はっきりとしていない問題について, 言語データにより事実, 意見, 発想をとらえる. 次いで, それら言語データ相互の親和性によって統合した図を作ることで, 解決すべき問題の所在, 形態を明らかにしていく方法」である.

親和図法は, 次のような場面での適用が特に有効である.

① 顧客からの**インタビュー調査**から, 情報を整理して**顧客ニーズ**の把握をしたい.

② アンケートより顧客の声を分析して, 製品開発に役立てたい.

③ **ブレーンストーミング**(**BS**)で出したアイデアを集約・まとめたい.

④ 顧客の問合せやクレームなど顧客の意見を集約し, 見やすくして伝達したい.

⑤ 社内の改善提案の状況から過不足点を明確にしたい.

⑥ 改善すべき問題とその関連事項が多岐にわたって複雑になっており, 全体を把握・概観できるようにして, 複雑な問題の構造を明らかにしたい.

⑦ ブレーンストーミングにより中長期経営計画や組織の将来展望について内容をまとめて, 将来の方策や方策展開に活用できる形にしたい.

2. 親和図の作り方

手順1 テーマを決める

- 漠然とした事柄を明らかにしたいこと.
- あるべき姿や実現したい姿を明らかにしたいこと.
- 実態を把握して問題点を明らかにしたいこと.
- 発想の着眼点を得たいこと.

手順2 言語データを収集する

テーマに基づいて言語データを収集する.

手順３　データカードを作る

収集した言語データをカードに書く．１つの言語データを１枚のカードに書く．

手順４　カード寄せをする

データカードを机上で広げ，互いによく見えるようにする．データカードの内容(言語データ)をよく読んで**親和性**のあるカードを見つける．**親和性**とは，言語データ同士に互いに引き合うものが感じられ，何か共通するものの存在が予感されること，１つにまとめて違和感がないことである．親和性の強いカードは近くに寄せ(カード寄せという)，集合(島)を作る．

手順５　親和カードを作る

すべてのデータカードについて，カード寄せが終わったら親和カード(新しい見出しカード)を作る．

手順６　カード寄せと親和カード作りを繰り返す

親和カードを上に，データカードを下に束ね，手順４と手順５を繰り返す．

手順７　親和図を仕上げる

最終段階の親和カードを作成後，寄せたカードをばらし，すべてのカードを平面上に配置する．必要に応じて，区切り線を引く．

図 3.1 に「自動車販売店の営業におけるあるべき姿」について販売店でブレーンストーミングを行い，まとめて共有化を図った例を示す．

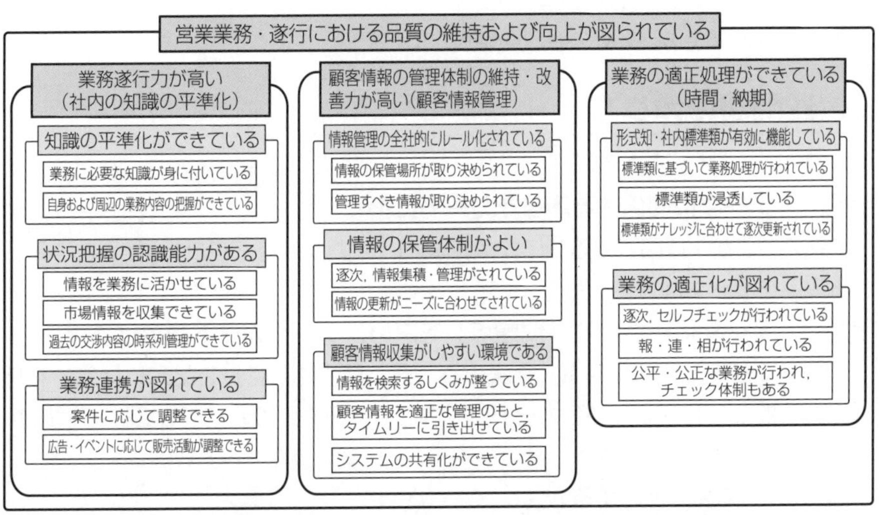

図 3.1 「自動車販売店の営業におけるあるべき姿」の親和図

03-02 連関図法

重要度 ●●●
難易度 ■■□

1．連関図法とその適用

“**連関図法**”とは，「原因―結果，目的－手段などの因果関係などが複雑に絡み合った問題について，その関係性を論理的につないでいくことによって問題の本質を解明する手法」である．

連関図法は，解決の糸口を見いだすことに使用する．連関図法を使用するには，原因を抽出し，さらに，その原因を抽出することを繰り返し，**因果関係**を一覧できるように図示する．連関図法は，特性要因図とは異なり，要因間についても，**原因―結果**や**目的―手段**と思われる関係について矢印で示すことができる．

連関図法の適用できる場面としては，「**全体像**を明らかにしたい」，「**要因**を把握したい」，「**構造**を明らかにしたい」など経営戦略の立案，新製品開発から製造工程での不良原因の把握，顧客サービス体制の見直し，クレームの分析などがある．特に次のような場面での適用が有効である．

① 不良や不具合の原因を探索したい．

② 問題の構造を明らかにしたい．

③ 目的を達成するための手段を明らかにしたい．

2．連関図の作り方

手順１　テーマを決める

手順２　テーマに関係する項目をカードに書く

結果であるか，原因であるかについては気にせずに，テーマに関係すると考えられる項目をデータカードに書く．

手順３　テーマに基づいて「問題点」を決め，データカードを広げる

テーマに基づいて「**問題点**」を決める．選んだ「問題点」を記入したカードを置く．手順２で作成した他のカードは「問題点」の原因の候補として机上で広げ，互いによく見えるようにする．

手順４　１次原因を考える

１次原因が決まったら，「問題点」を記入したカードの周囲に配置し，１次原因の原因カードから問題点へ向けて矢線を引く.

手順５　１次原因ごとに原因を追究する

１次原因の原因を結果と見なして原因を考える．このように「なぜ」を繰り返しながら１次原因ごとに原因を追究していく．１次原因のカードを見て，２次原因と考えられるカードを集める．以下同様に３次，４次と並べる.

手順６　原因相互の因果関係を追究する

１次原因ごとに追究した原因カードを見ていくと，原因相互に因果関係が認められるものがある．手順５で作成した図の中の原因相互の因果関係を追究し，因果関係が認められた場合には，その関係に従って原因カード間に矢線を引く.

手順７　原因相互の因果関係を確認する

原因カードに書いた原因の一つひとつをよく読み，原因の表現は適切か，原因に抜け落ちはないかなどを確認し，見やすい図にする.

手順８　主要原因を突き止める

連関図の原因カード相互の因果関係と，原因カードに記載されている内容をよく見て，対策をする場合，問題解決に至る原因(主要原因)を見つけ出す.

図 3.2 に「シェアの拡大ができない」の連関図を示す.

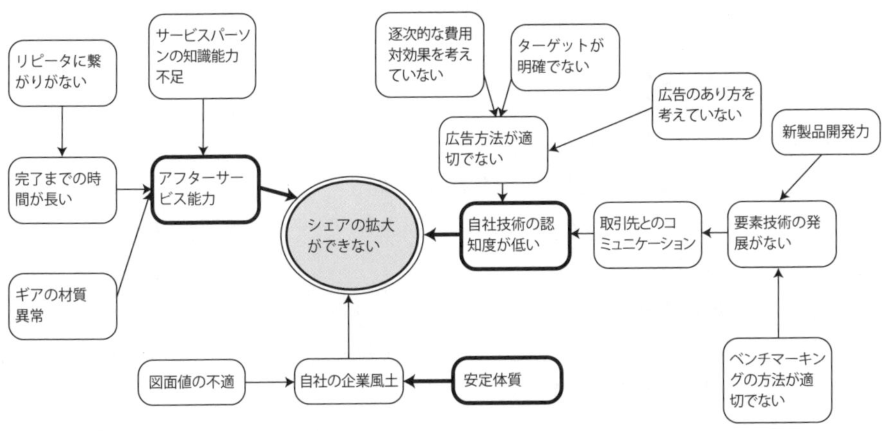

図 3.2 「シェアの拡大ができない」の連関図

03-02 連関図法

03-03 系統図法

重要度 ●●●
難易度 ■■□

1. 系統図法とその適用

“**系統図法**”とは,「VEの機能分析に用いる機能系統図の考え方,作り方を応用した手法であり,目的や目標,結果のゴールを設定し,それに至るための手段や方策となる事柄を系統的に展開していく手法」である.

系統図法は次のような場面で有効である.

① 問題・課題を解決するための実施可能な方策案を得たい

② 各部署,各担当者が実施すべき事項を明示したい

系統図には,大きく分けて**方策展開型**と**構成要素展開型**がある

方策展開型の系統図は,目的と手段を多段に枝分かれさせながら展開して,実施可能な方策を得ていく系統図をいう構成要素展開型の系統図は,対象の構成要素の包含関係や相互関係を明らかにする系統図である.構成要素展開型の系統図には,1)機能系統図,2)品質系統図,3)特性要因系統図などがある.なお,系統図法を要因解析に用いることもできる.

2. 系統図の作り方

方策展開型の系統図の作り方を示す.

手順1　テーマに基づいて基本目的を決める

基本目的は,テーマを実現するための取組みを,「～を～する」や「～を～するには」のように簡潔な文で表す.

手順2　1次手段を考える

基本目的の直接の手段,すなわち1次手段を考え,抜けや落ちをなくしていく.

手順3　2次以降の手段を考える

1次手段を目的としてとらえ直し,その目的を果たすための手段,すなわち2次手段を考える.このように,目的→手段＝目的→手段＝目的→手段と,**目的**に対する**手段**を**系統的**に考えていくことで実施可能な手段を得る.

手順４　目的と手段の関係を線でつなぐ

基本目的と各次の手段カードが，目的と手段の関係になっていることを確認し，線でつなぐ.

手順５　系統図を仕上げる

基本目的から１次，２次，３次手段と順次「この目的を果たすためにその手段は有効か？」と問いかけて，展開した手段で基本目的の達成を確認する.

手順６　実行可能な手段を絞り込む

系統図の実施可能な手段を実施事項とし，その一つひとつを効果，実現性，費用など適当な項目で評価して実施の優先順位を決め，担当部門や担当者，日程を決めて実施計画を作成する．優先順位の低い手段は，実行しないこともある.

図 3.3 は，「品質問題に対処・未然防止できる組織を作るためには」の系統図の事例である.

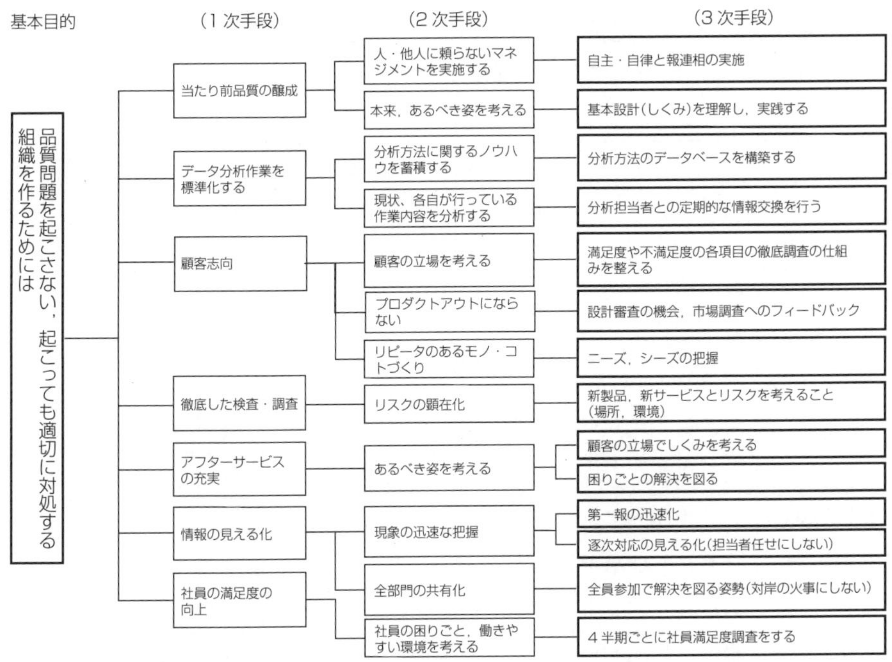

注）本図は，岡山商科大学経済学部プレゼンテーション大会（2013 年）にて，西敏明研究室の研究演習のメンバーにより作成したもの.

図 3.3 「品質問題に対処・未然防止できる組織を作るためには」の系統図

03-04 マトリックス図法

重要度 ●●●
難易度 ■■□

1. マトリックス図法とその適用

“**マトリックス図法**”とは，「多元的思考によって問題点を明確にしていくために使用する．特に二元的配置の中から，問題の所在または形態を探索したり，問題解決への着想を得たりする．また要因と結果，要因と他の要因など，複数の要素間の関係を整理するために使用する」手法である(JIS Q 9024：2003).

図 3.4 に示す，新製品のカッターのマトリックス図による品質表の取り上げた事柄の数と組合せ方によって，2 つの事柄を扱う基本的な 2 元表タイプの **L 型**マトリックス図のほか，3 つを扱う **T 型**マトリックス図，**Y 型**マトリックス図，**C 型**マトリックス図，4 つを扱う **X 型**マトリックス図，5 つ以上を扱う **P 型**マトリックス図など多くのパターンが考案されている.

要求品質 ＼ 品質特性 1次	要求品質 ＼ 品質特性 2次	大きさ 全長	大きさ 幅	大きさ 重さ	材質 鉄	材質 セラミック	歯 1つの歯の大きさ	歯 歯の間隔
持ちやすい	握る部分がある		◎			○		
	手と同じ大きさ	◎	◎	○	◎	○	○	
使いやすい	切れやすい		◎			○		○
	刃こぼれがない		○		△	◎	○	△
	切るとき力をいれやすい	○	◎			○		○
安全である	刃こぼれがない		◎	◎		○	○	△
	携帯しても歯が出ない			△		○		
	誰でも正しく使える				△		◎	◎

図 3.4 「新製品カッター」の L 型マトリックス図による品質表

2. マトリックス図の作り方

手順 1　テーマを決める

2 つ以上の事柄を組み合せて着眼点を得る必要がある問題をテーマにする.

手順 2　組み合わせて考える事柄を決める

テーマに基づいて取り上げる事柄とその組合せ方を決める.

手順 3　マトリックス図の型を選ぶ

取り上げた事柄の数と組合せ方に基づいて，マトリックス図の型を選ぶ.

手順 4　各軸に配する要素を決める

取り上げた事柄ごとに，マトリックス図の各軸に配する要素を決める．要素が多数で類似のものもあると考えられる場合，親和図法で整理し，系統図法で枝分かれ式に記述する.

手順 5　関連の有無あるいは関連の度合いを決める

組み合わせた事柄の要素同士の関連の有無あるいは関連の度合いを検討して決め，それを表す印を要素と要素が交わるところに書き込む．組み合わせた事柄の要素同士の関連の有無を表す場合には，関連があるところに○印をつけ，関連がないところは空欄にする．関連の度合いを評価する場合には，3 段階評価なら，関連の度合いが大きいものは◎，中くらいは○，小さいものは△などとする.

手順 6　着眼点を得る

問題解決のための着眼点を得るには，要素と要素の組合せから着眼点を得る場合と，行と列の集計結果から着眼点を得る場合がある.

03-05 アローダイアグラム法

重要度 ●●●
難易度 ■■□

1. アローダイアグラム法とその適用

"**アローダイアグラム法**"とは，「日程計画を表すために矢線を用いた図」である．

アローダイアグラムは，**PERT**(**Program Evaluation and Review Technique**)と呼ばれる日程計画および進捗管理で使用され，特定の計画を進めていくために必要な作業の関連をネットワークで表現し，最適な日程計画を立て効率よく進捗を管理するために使用される．具体的には，目標を達成する手段の実行手順，所要日程(工期，工数)およびその短縮の方策を検討する際に使用する．日程管理に利用する場合，グラフ(ガントチャート)と併用して使用することがある．

実行する手段がわかり，実行する段階となると，予定どおり進行させせることができるかどうかが問題となる．納期の厳しいプロジェクトほど，事前に見通しを立て，進捗管理を徹底しなければならない．**アローダイアグラム法**は，プロジェクトを進めていくのに必要な**作業**の**順序関係**を**矢線**と**結合点**で表して最適な**日程計画**を作り，進度管理上の重点を明らかにして計画の進度を効率よく管理する手法である．

2. アローダイアグラムの作り方

手順1　計画に必要な作業と所要日数を決める

計画を進めていくために必要な作業を決め，その作業の所要日数を見積もる．

手順2　作業カードを作る

カードに作業名と見積もった所要日数を書く．

手順3　作業カードの相互の順序関係を付ける

最初に実施する作業の作業カードを左端中央に配置する．次に，ほかの作業カードの作業名を見て，先行する作業，後続する作業，並行で行う作業といった作業相互の順序関係に従って作業カードを置く．

手順4　作業カードを配置する

直列に並んだ作業カードの列のうち，カードの数が最も多い列の作業間隔を，結合点の直径分もしくは少し大きめに空けて配置する．作業カードの数が最も多い列の作業に並行する作業について，相互の関係を考えながら並べていく．

手順 5　結合点を入れて矢線でつなぐ

作業カードの前後に○印(**結合点**)をつけ，結合点と結合点とを矢線でつなぐ．**ダミー作業**(**実際には行わない見せかけの作業**)は破線で表す．

手順 6　結合点番号をつける

結合点の中に結合点番号を書き込む．

手順 7　最早・最遅結合点目程を計算してクリティカルパスを求める

最早結合点日程は，その結合点から始まる作業が開始できる最も早い日程，**最遅結合点日程**は，最早結合点目程での計画の完了日から逆算して，その結合点で終わる作業が遅くとも終了していなければならない日程である．

最早結合点日程を出発点から順次求め，最遅結合点日程は終了点から逆に求める．最早と最遅の結合点日程からクリティカルパスを求めて太い矢線で表す．最早結合点目程と最遅結合点日程の差がゼロとなるルートで，最早結合点日程と最遅結合点日程を計算した経路が**クリティカルパス**である．

図 3.5 に「本書を用いた QC 検定 3 級受検日までの勉強の進め方」のアローダイアグラムの例を示す．

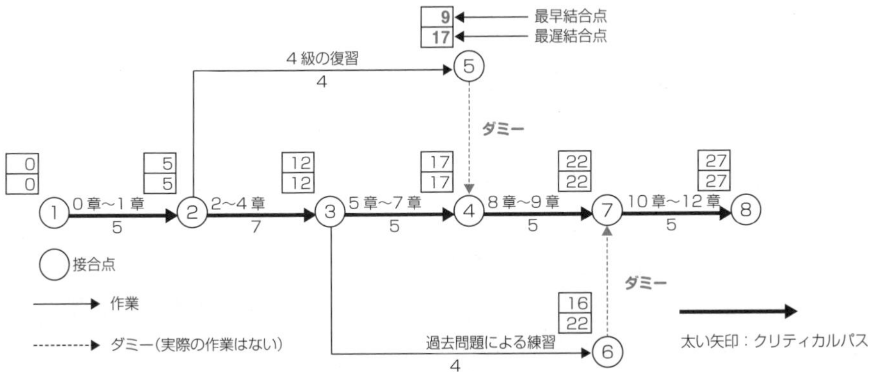

図 3.5 「本書を用いた QC 検定 3 級受検日までの勉強の進め方」のアローダイアグラム

03-06 PDPC法

重要度 ●●●
難易度 ■■□

1．PDPC法とその適用

“**PDPC法**”とは，**過程決定計画図**（Process Decision Program Chart）のことであり，「事前に考えられるさまざまな結果を予測し，プロセスの進行をできるだけ望ましい方向に導く方法」である．

具体的には，問題の最終的な解決までの**一連の手段**を表し，予想される障害を事前に想定し，適切な対策を講じる場合に用いられる．プロジェクトの進行上で種々の事態を予想し，その対処の流れを記述する手法である．実施事項や**予見**・**判明**した事象を記述して，場合によっては複数の代替案を並列に配置して流れを作る．

PDPC法は，次のような場合に適用することができる．

① 事態が流動的で予測や予見が困難な場合に，その実施過程での事態の進展に合わせて計画を立て目標を達成したい．

② 結果が悪い事態になることが想定される場合に，重大事態に至ることを未然に防止するための対策を立てたい．

2．PDPC図の作り方

手順1　テーマを決める

手順2　出発点とゴール（到達目標）を決める

取り上げたテーマについて，計画の出発点とゴール（到達目標）を決める．

手順3　出発点での着手計画を立てる

出発点でわかっていることをもとに，ゴール到達までの事態の動きを予測しながら着手計画を立てる．事態の進展過程で考えたほうがよいものや，事前に考えても無理があるものは保留にしておき，事態の進展過程で逐次展開する．

手順4　計画を逐次充実する

実施段階後，事態の進展過程で状況が判明するので，当初計画で判明した事象を書き込み，対応する新たな実施事項を逐次追加し，計画を充実する．実施したところは，逐次矢線を太くしておく．

手順５　計画の完了を表示する

「ゴール」に到達したときに計画は完了する．出発点からゴールまでの経路で実施した経路は太い矢線で表す．図 3.6 に PDPC 図の例を示す．

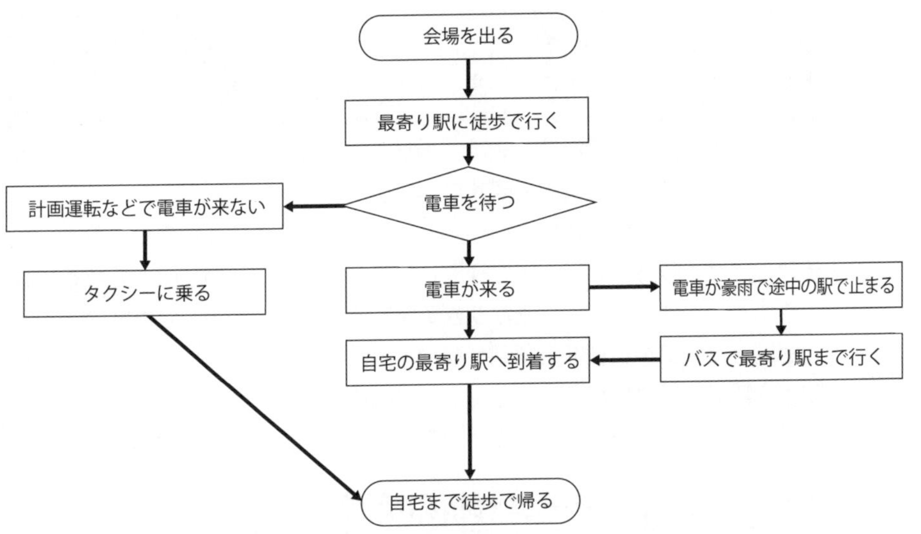

図 3.6 「外出時に豪雨に遭遇した場合，自宅へ帰る方法」の PDPC 図

03-07 マトリックス・データ解析法

重要度 ●●●
難易度 ■■■

1. マトリックス・データ解析法とその適用

“**マトリックス・データ解析法**”とは，「行列に配置した数値データを解析する，多変量解析の一手法」であり，主成分分析とも呼ばれる．

マトリックス・データ解析法は，通常，大量にある数値データを解析して，項目を集約し，評価項目間の差を明確に表すために使用する．

マトリックス・データ解析法の適用場面としては，次のようなものがある．

① 多数の尺度(測定値)でデータを採取したが，傾向がつかめない，分類できない，要因として使いにくい，細かすぎて要するに何なのか説明できない．

② 各種調査データから顧客の評価や重視度，改善の糸口を探りたい．

③ 製品や部品の品質項目データを集約して品質保証上の問題点を把握したい．

なお，新 QC 七つ道具の中で，この手法のみ数値データを扱っている．

2. マトリックス・データ解析の手順

手順 1　データをマトリックス状に整理する

行が各サンプル，列が各変数(項目)のデータをマトリックスの形にする．

手順 2　固有値・固有ベクトルを求める

変数間の相関係数行列を求め，その「固有値・固有ベクトル」を求める．計算に手間がかかるため，一般的にはパソコンなどを用いて計算する．

手順 3　主成分の数を決める

固有値が各主成分の**寄与率**を示すので，累積で 70 ～ 80% 程度以上になったところで主成分の数を決める．主成分の数は少ないほうが使いやすいが，次の手順で意味づけができるかどうかも重要である．

手順 4　各主成分の意味づけを行う

固有ベクトルが各変数の係数を示し，「因子負荷量」が各主成分と各変数の相関係数を示す．値の高い変数の意味を総合し，各主成分の意味づけを行う．

手順 5　主成分得点を求める

サンプルごとに各主成分の値(主成分得点)を求める．

手順 6　サンプルの散布状況を図示する

各サンプルの主成分の値を座標平面上にプロットし，散布状況を見る．象限ごとに層別してサンプルの傾向を探るとよい．

図 3.7 に，マトリックス・データ解析の例を示す．

30 人の生徒の国語，数学，理科，社会，英語の 5 科目の成績をもとにマトリックス・データ解析（主成分分析）を行った結果，第 1 主成分（主成分 1，横軸）は全体的な成績の優劣を表し，第 2 主成分（主成分 2，縦軸）は理数系と文科系に得意な分野が分かれていることを表すことがわかった．

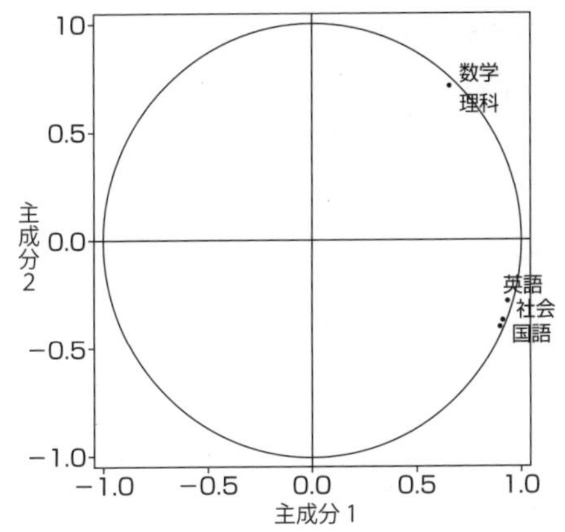

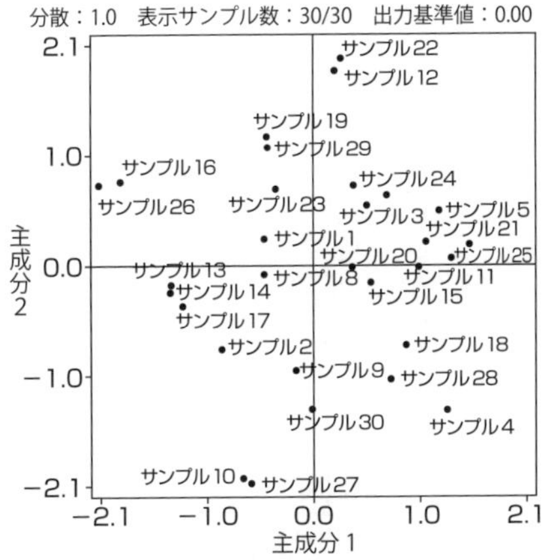

注）　本図は JUSE-StatWorks/V5 を用いて作成した．

図 3.7　因子負荷量（上図）と主成分得点（下図）の散布図

これができれば合格！

- 各手法の定義，適用される場面，作り方の基本的な手順の理解
- 親和図法：言語データ相互の親和性によって結合した図を作成する手法
- 連関図法：因果関係などの関係性を論理的につなぐ手法
- 系統図法：手段や方策となる事柄を系統的に展開する手法
- マトリックス図法：多元的思考により要素間の関係を整理する手法
- アローダイアグラム法：日程計画について最早結合点日程，最遅結合点日程，クリティカルパスを見える化する手法
- PDPC 法：事前に結果を予測し，プロセスの進行を望ましい方向に検討や展開する手法
- マトリックス・データ解析法：主成分分析であり，寄与率で主成分の数を決定する手法
- 図から，どの手法の適用かがわかること

第4章

統計的方法の基礎

データに基づいて正しい判断をするためには，データを統計的に処理しなければならない．そのためには，統計的方法を理解する必要がある．

本章では，“統計的方法の基礎”について学び，下記のことができるようにしておいてほしい．

- 代表的な計量値の分布である正規分布について，その特徴と性質の説明
- 正規分布から標準正規分布への変換
- 正規分布表を用いて正規分布の値から確率を求め，さらに確率から正規分布の値を求める
- 計数値の分布である二項分布の特徴と性質の説明
- 二項分布の確率計算

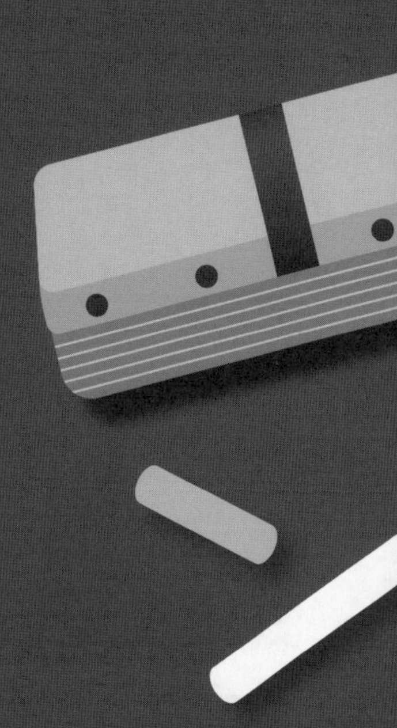

04-01 正規分布

重要度 ●●●
難易度 ■■■

1. 正規分布とは

工程で製造する製品の特性である寸法や重量など，はかることのできる数値(**計量値**といい連続した値)の分布は，中心付近の値が多く，中心から左右に外れるにつれて，少なくなっていく様子を示すことが知られている．

横軸に寸法などの計量値をとり，縦軸に数(度数)をとると，中心がもっとも高く，左右とも中心から離れるほど低くなっていく富士山のような形になる(ヒストグラムで学んだ一般形という形である)．このような分布の形を**正規分布**といい，計量値の分布としてもっとも重要である(図 4.1)．

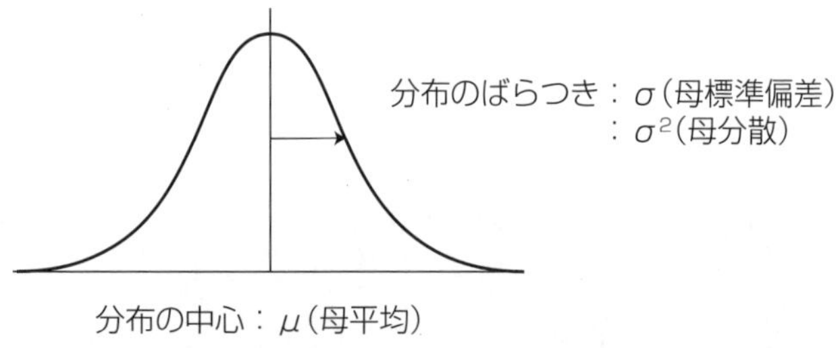

図 4.1 正規分布の中心とばらつき

正規分布の確率密度関数$f(x)$は以下のようになり，定数μ(ミュー：母平均)とσ(シグマ：母標準偏差)によって分布の形が定まることがわかる．

$$f(x)=\frac{1}{\sqrt{2\pi}\,\sigma}\,e^{\frac{(x-\mu)^2}{2\sigma^2}}$$

正規分布は$N(\mu,\ \sigma^2)$と表現される．すなわち，分布の中心が**母平均μ**で，分布のばらつき(広がり)が**母標準偏差σ**(**母分散σ^2**)と考えればよい．正規分布を含むすべての分布には以下の性質がある．

- どんな値でもその値が現れる確率は**0 以上**である．
- 取りうる値の範囲の全体の確率は**1(100%)**である．
- ある値からある値までの範囲に入る確率は全体を1(100%)としたときの**面積の割合**で示される．

正規分布では中心付近にデータが集まり，中心から離れるほど左右ともデータが少なくなっていく．中心μから$\pm 1\sigma$，$\pm 2\sigma$，$\pm 3\sigma$離れた範囲にデータが入る確率を求めると，図 4.2 のようになる．

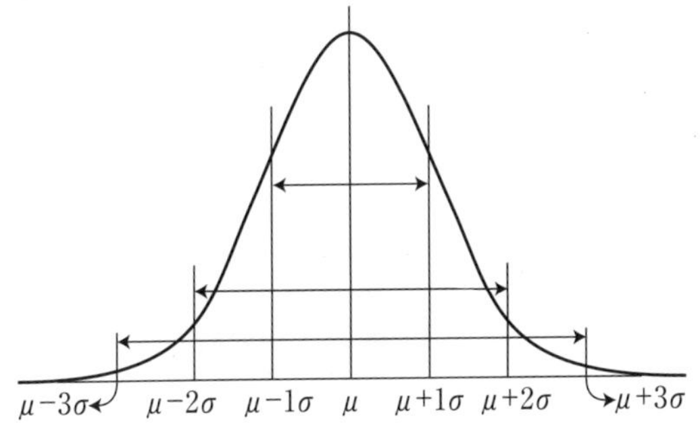

図 4.2　正規分布の確率

$\mu\pm 1\sigma$の範囲に入る確率→ **68.3%**
$\mu\pm 2\sigma$の範囲に入る確率→ **95.4%**
$\mu\pm 3\sigma$の範囲に入る確率→ **99.7%**

2. 標準正規分布・正規分布表の見方

(1)　標準正規分布

確率変数xが$N(\mu,\ \sigma^2)$に従うとき，以下のようにxを確率変数u(ユー)に変換すると，　確率変数uは**母平均 0，母標準偏差 1 の正規分布**に従う．

$$u=\frac{x-(\text{母平均})}{(\text{母標準偏差})}=\frac{x-\mu}{\sigma}$$

このxをuに変換することを**標準化**(**規準化**)という．これは母平均μを原点**0**とおき，母標準偏差σ単位で目盛りをふる操作をしていると考えればよい．

正規分布はμとσの組合せによって分布が無数にあるが，標準化を行うことによって，すべての正規分布は，μ，σに無関係な正規分布に変換される．

この正規分布を**標準正規分布**といい，$\boldsymbol{N}(0,\ 1^2)$で表す(図 4.3)．

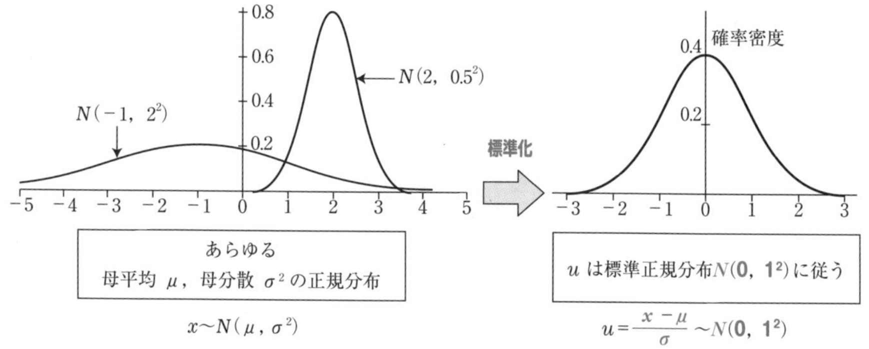

図 4.3　標準正規分布

(2)　正規分布表

> 標準正規分布において，標準化された確率変数 u がある値以上となる確率（**上側確率**）が P である値を K_P として（図 4.4），**K_P と P の関係**を表にしたものが正規分布表（Ⅰ），（Ⅱ）である．

これらの表を用いて任意の正規分布について確率を求めることができる．

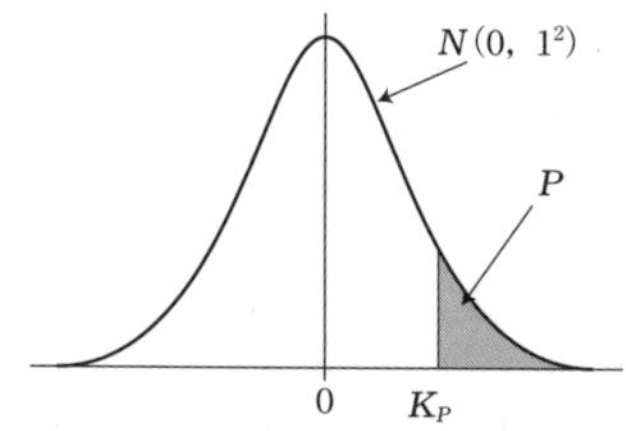

図 4.4　標準正規分布の確率

正規分布表には，「K_P から P を求める表」，「P から K_P を求める表」などがある．いずれも $K_P \geqq 0$ の範囲しか記載がないが，標準正規分布は $u = 0$ に対して左右対称なので，**下側確率**（確率変数がある値以下となる確率）P に対応する値は $-K_P$ と求める．

①　【正規分布表（Ⅰ）K_P から P を求める表】

表の左の見出しは，K_P の値の小数点以下１桁目までの数値を表し，表の上の見出しは，小数点以下２桁目の数値を表す．表中の値は P の値を表す．例えば，K_P ＝ 1.96 に対応する P の値は，表の左の見出しの **1.9*** と，表の上の見出しの **6** が交差するところの値「**.0250**」を読み，P = **0.0250** と求める(図 4.5 参照).

② 【正規分布表(Ⅱ) P から K_P を求める表】

表の左の見出しは，P の値の小数点以下 1 桁目または 2 桁目までの数値を表し，表の上の見出しは，小数点以下 2 桁目または 3 桁目の数値を表す．表中の値は K_P の値を表す．例えば，$P = 0.05$ に対応する K_P は，表の左の見出しの **0.0*** と，表の上の見出しの **5** が交差するところの値 **1.645** を読み，K_P = **1.645** と求める(図 4.6 参照).

この表では，$P = 0.025$ の値を読むことはできないので，正規分布表(Ⅰ)を用

(Ⅰ) K_P から P を求める表

K_P	*=0	1	2	3	4	5	6	7	8	9
0.0*	**.5000**	.4960	.4920	.4880	.4840	**.4801**	.4761	.4721	.4681	.4641
0.1*	**.4602**	.4562	.4522	.4483	.4443	**.4404**	.4364	.4325	.4286	.4247
0.2*	**.4207**	.4168	.4129	.4090	.4052	**.4013**	.3974	.3936	.3897	.3859
0.3*	**.3821**	.3783	.3745	.3707	.3669	**.3632**	.3594	.3557	.3520	.3483
0.4*	**.3446**	.3409	.3372	.3336	.3300	**.3264**	.3228	.3192	.3156	.3121
0.5*	**.3085**	.3050	.3015	.2981	.2946	**.2912**	.2877	.2843	.2810	.2776
0.6*	**.2743**	.2709	.2676	.2643	.2611	**.2578**	.2546	.2514	.2483	.2451
0.7*	**.2420**	.2389	.2358	.2327	.2296	**.2266**	.2236	.2206	.2177	.2148
0.8*	**.2119**	.2090	.2061	.2033	.2005	**.1977**	.1949	.1922	.1894	.1867
0.9*	**.1841**	.1814	.1788	.1762	.1736	**.1711**	.1685	.1660	.1635	.1611
1.0*	**.1587**	.1562	.1539	.1515	.1492	**.1469**	.1446	.1423	.1401	.1379
1.1*	**.1357**	.1335	.1314	.1292	.1271	**.1251**	.1230	.1210	.1190	.1170
1.2*	**.1151**	.1131	.1112	.1093	.1075	**.1056**	.1038	.1020	.1003	.0985
1.3*	**.0968**	.0951	.0934	.0918	.0901	**.0885**	.0869	.0853	.0838	.0823
1.4*	**.0808**	.0793	.0778	.0764	.0749	**.0735**	.0721	.0708	.0694	.0681
1.5*	**.0668**	.0655	.0643	.0630	.0618	**.0606**	.0594	.0582	.0571	.0559
1.6*	**.0548**	.0537	.0526	.0516	.0505	**.0495**	.0485	.0475	.0465	.0455
1.7*	**.0446**	.0436	.0427	.0418	.0409	**.0401**	.0392	.0384	.0375	.0367
1.8*	**.0359**	.0351	.0344	.0336	.0329	**.0322**	.0314	.0307	.0301	.0294
1.9*	**.0287**	.0281	.0274	.0268	.0262	**.0256**	.0250	.0244	.0239	.0233
2.0*	**.0228**	.0222	.0217	.0212	.0207	**.0202**	.0197	.0192	.0188	.0183
2.1*	**.0179**	.0174	.0170	.0166	.0162	**.0158**	.0154	.0150	.0146	.0143
2.2*	**.0139**	.0136	.0132	.0129	.0125	**.0122**	.0119	.0116	.0113	.0110
2.3*	**.0107**	.0104	.0102	.0099	.0096	**.0094**	.0091	.0089	.0087	.0084
2.4*	**.0082**	.0080	.0078	.0075	.0073	**.0071**	.0069	.0068	.0066	.0064
2.5*	**.0062**	.0060	.0059	.0057	.0055	**.0054**	.0052	.0051	.0049	.0048
2.6*	**.0047**	.0045	.0044	.0043	.0041	**.0040**	.0039	.0038	.0037	.0036
2.7*	**.0035**	.0034	.0033	.0032	.0031	**.0030**	.0029	.0028	.0027	.0026
2.8*	**.0026**	.0025	.0024	.0023	.0023	**.0022**	.0021	.0021	.0020	.0019
2.9*	**.0019**	.0018	.0018	.0017	.0016	**.0016**	.0015	.0015	.0014	.0014
3.0*	**.0013**	.0013	.0013	.0012	.0012	**.0011**	.0011	.0011	.0010	.0010
3.5	.2326E-3									
4.0	.3167E-4									
4.5	.3398E-5									
5.0	.2867E-6									
5.5	.1899E-7									

出典) 森口繁一，日科技連数値表委員会編：『新編　日科技連数値表―第 2 版』，日科技連出版社，2009 年に一部追記

図 4.5　正規分布表(Ⅰ)にて K_P から P を求める方法

04 - 01 正規分布

上の見出し

（Ⅱ）P から K_P を求める表

左の見出し P	*=0	1	2	3	4	5	6	7	8	9
0.00*	∞	3.090	2.878	2.748	2.652	**2.576**	2.512	2.457	2.409	2.366
0.0*	∞	2.326	2.054	1.881	1.751	**1.645**	1.555	1.476	1.405	1.341
0.1*	**1.282**	1.227	1.175	1.126	1.080	**1.036**	.994	.954	.915	.878
0.2*	**.842**	.806	.772	.739	.706	**.674**	.643	.613	.583	.553
0.3*	**.524**	.496	.468	.440	.412	**.385**	.358	.332	.305	.279
0.4*	**.253**	.228	.202	.176	.151	**.126**	.100	.075	.050	.025

出典）森口繁一，日科技連数値表委員会編：『新編　日科技連数値表―第 2 版』，日科技連出版社，2009 年に一部追記

図 4.6　正規分布表（Ⅱ）にて P から K_P を求める方法

いて，①で示した逆の手順により，$P=\mathbf{0.0250}$ に対応する K_P の値を，$K_P=\mathbf{1.96}$ と求める．

①，②で求めた K_P と P の関係を図に表すと，図 4.7 のようになる．

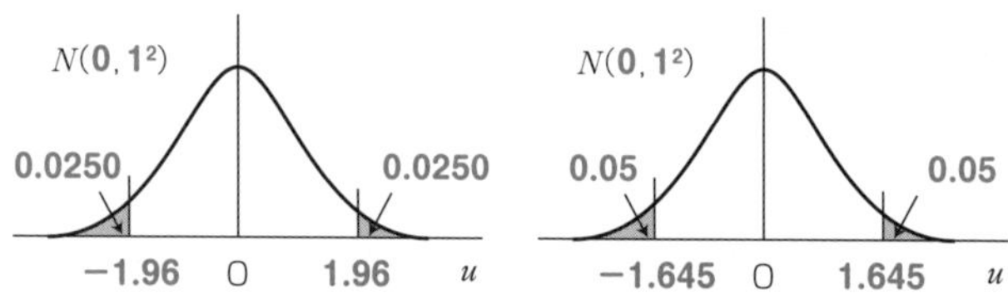

図 4.7　正規分布の確率

標準正規分布は $u=0$ に対して左右対称なので，下側確率（確率変数がある値以下となる確率）P に対応する値は $-K_P$ と求めることに注意する．

すなわち，$-K_P$ 以下の確率は P となる．

例題 4.1

図 4.8 の標準正規分布の P と K_P の値を求めよ．

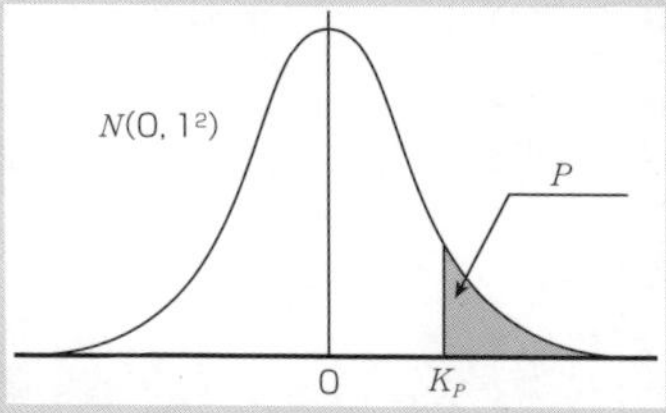

P	K_P
0.50	(1)
0.10	(2)
0.05	(3)
(4)	1.96
(5)	2.23
(6)	2.95

図 4.8　例題 4.1

【解答 4.1】

（1）**0.00**　（2）**1.282**　（3）**1.645**　（4）**0.0250**　（5）**0.0129**
（6）**0.0016**

例題 4.2

図 4.9 に示す標準正規分布の(1)，(2)の部分の確率を求めよ．

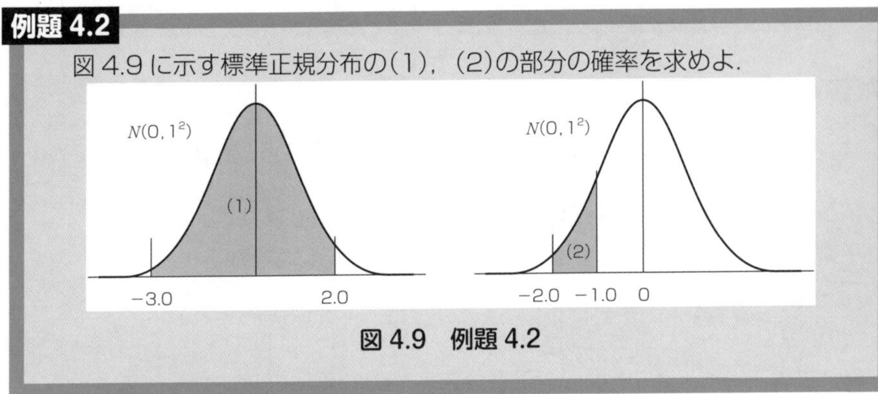

図 4.9　例題 4.2

【解答 4.2】

（1）　**1 − 0.0228 − 0.0013 = 0.9759**

$K_P = 2.0$ の確率 $P =$ **0.0228** と $K_P = -3.0$ の確率 P(K_P=3.0 の確率 P に等しい)= **0.0013** を全体の確率 1 から引いて求める．

（2）　**0.1587 − 0.0228 = 0.1359**

$K_P = -1.0$ の確率 P($K_P = 1.0$ の確率 P に等しい)**0.1587** から $K_P = -2.0$ の確率 P(K_P=2.0 の確率 P に等しい)= **0.0228** を引いて求める．

3. 正規分布の確率

正規分布表を使うと，あらゆる正規分布の値と確率の関係を自由に求めることができる．

(1)　正規分布に従う変数 x から確率 P を求める方法

正規分布 $N(\mu,\ \sigma^2)$ に従う変数 x から上側確率(変数が x 以上である確率)を求める．

① 標準化の式 $u = \dfrac{x-\mu}{\sigma}$ によって x を標準正規分布 u に変換する．

② $K_P = u$ として正規分布表(Ⅰ)を用いて K_P から P を求める．

例題 4.3

ある部品の重量(単位：g)は，正規分布 $N(50.0,\ 0.20^2)$ に従っている．このとき重量が 50.5 以上になる確率を求めよ．

【解答 4.3】

まず，標準化の式 $u = \dfrac{x-\mu}{\sigma}$ から，$u = \dfrac{\mathbf{50.5-50.0}}{\mathbf{0.20}} = \mathbf{2.50}$

となる．この操作は，**50.5** が母平均 **50.0** からどれだけ離れているか？

→ **50.5－50.0＝0.5**，それは母標準偏差でいくつ分になるか？

→ $\dfrac{\mathbf{0.5}}{\mathbf{0.20}}$ ＝**2.50** と考えればよい．

続いて $K_P = u =$ **2.50** から，正規分布表(Ⅰ)を用いて K_P から P を求めると，$P =$ **0.0062** となる(図 4.10)．

よって，求める確率は，**0.0062(0.62%)** となる．

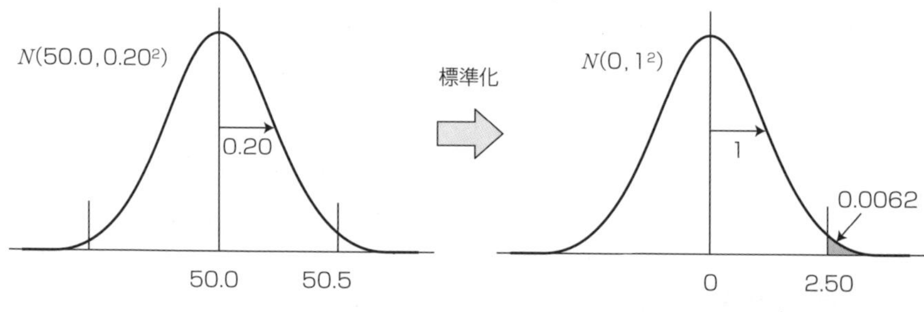

図 4.10　例題 4.3 の考え方

(2)　正規分布に従う確率 P から変数 x を求める方法

① 確率 P から正規分布表(Ⅱ)を用いて $K_P = u$ を求める．

② $u = \dfrac{x-\mu}{\sigma}$ によって元の正規分布に戻す．

例題 4.4

ある部品の重量(単位：g)は，正規分布 $N(50.0,\ 0.20^2)$ に従っている．このとき重量が 50.5 以上になる確率を 0.001(0.1%)以下にしたい．母平均は変わらないとして，母標準偏差をいくつにすればよいか求めよ．

【解答 4.4】

まず，上側確率 $P = 0.001$ から正規分布表(Ⅱ)を用いて $K_P = \mathbf{3.090}$ となる．続いて $K_P = u = \mathbf{3.090}$ から，標準化の式を用いて，

$$u = \frac{x - \mu}{\sigma}$$

$$\mathbf{3.090} = \frac{\mathbf{50.5 - 50.0}}{\boldsymbol{\sigma}}$$

$$\boldsymbol{\sigma} = \mathbf{0.162}$$

となる．よって，母標準偏差を **0.162** 以下にすればよい．

この操作は，**50.5** が母平均 **50.0** からどれだけ離れているか？

→ **50.5 − 50.0 = 0.50**，それが母標準偏差で **3.090** 分なので，母標準偏差は？

→ $\boldsymbol{\sigma} = \dfrac{\mathbf{0.50}}{\mathbf{3.090}} = \mathbf{0.162}$ と行われていると考えればよい(図 4.11)．

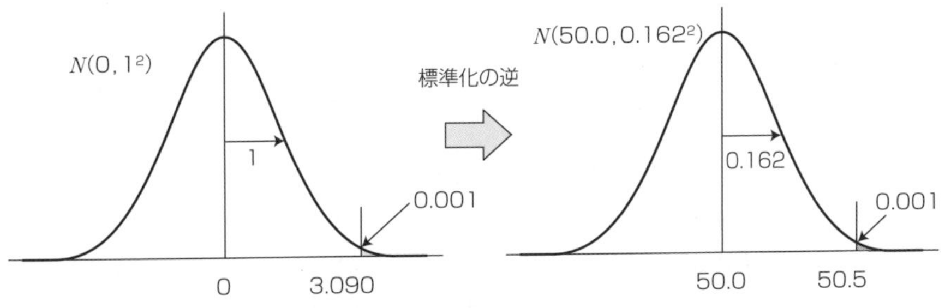

図 4.11　例題 4.4 の考え方

04-01 正規分布

例題 4.5

ある工場で生産されている精密部品の長さ(単位：μm)は正規分布 N(800.0, 3.0^2)に従っている．また，現在の規格値は上限規格 808.0 μm，下限規格 792.0 μm である．

① 現在の製品規格外れが発生する確率を求めよ．

② お客様からの要望によって，下限規格だけが 796.0 に変更された．このときの下限規格外れが発生する確率を求めよ．

③ 規格変更後の規格外れの発生確率を小さくするため，母平均が 802.0 になるように調整を行った．母標準偏差は変わらないとして，このときの製品規格外れが発生する確率を求めよ．

④ 規格変更後の規格外れの発生確率を 1.0%以下にするため，母平均は 802.0 のまま，母標準偏差を小さくしたい．いくらにすればよいか求めよ．

【解答 4.5】

① 現在の製品規格外れが発生する確率を求める．

上限規格外れの確率を求める．

標準化の式 $u = \dfrac{x-\mu}{\sigma}$ から，$u = \dfrac{\mathbf{808.0-800.0}}{\mathbf{3.0}} = \mathbf{2.67}$ となる．

続いて $K_P = u =$ **2.67** から，正規分布表(Ⅰ)を用いて K_P から P を求めると，$P =$ **0.0038** となる．

同様に下限規格外れの確率を求めると，$u = \dfrac{\mathbf{792.0-800.0}}{\mathbf{3.0}} = \mathbf{-2.67}$ となる．

続いて $K_P = u =$ **−2.67** から，正規分布表(Ⅰ)を用いて K_P から P を求めるが，$K_P =$ **−2.67** の下側確率は $K_P =$ **2.67** の上側確率と等しいので，$P =$ **0.0038** となる．

よって，製品規格外れが発生する確率は上限規格外れの確率と下限規格外れの確率の合計で，$P =$ **0.0038 + 0.0038 = 0.0076 (0.76%)** となる．

② 規格変更後の下限規格外れの確率を求める．

標準化の式 $u = \dfrac{x-\mu}{\sigma}$ から，$u = \dfrac{\mathbf{796.0-800.0}}{\mathbf{3.0}} = \mathbf{-1.33}$ となる．

続いて $K_P = u =$ **−1.33** から，正規分布表(Ⅰ)を用いて K_P から P を求めるが，

$K_P=-1.33$ の下側確率は $K_P=$ **1.33** の上側確率と等しいので，$P=$ **0.0918** **(9.18%)** となる．

③　規格変更後，母平均調整後の製品規格外れが発生する確率を求める．

上限規格外れの確率を求めると，標準化の式 $u=\dfrac{x-\mu}{\sigma}$ から，

$$u=\frac{\mathbf{808.0-802.0}}{\mathbf{3.0}}=\mathbf{-2.00}$$

となる．

続いて $K_P=u=$ **2.00** から，正規分布表（Ⅰ）を用いて K_P から P を求めると，$P=$ **0.0228** となる．

同様に，下限規格外れの確率を求めると，$u=\dfrac{\mathbf{796.0-802.0}}{\mathbf{3.0}}=\mathbf{-2.00}$ となる．

続いて $K_P=u=$ **−2.00** から，正規分布表（Ⅰ）を用いて K_P から P を求めるが，$K_P=$ **−2.00** の下側確率は $K_P=$ **2.00** の上側確率と等しいので，$P=$ **0.0228** となる．

よって，製品規格外れが発生する確率は，上限規格外れの確率と下限規格外れの確率の合計で，$P=$ **0.0228** + **0.0228** = **0.0456** **(4.56%)** となる．

④　規格変更後の規格外れの発生確率を 1.0%以下にするための母標準偏差を求める．

上限規格外れの確率と下限規格外れの確率をともに **0.5%以下**にすればよいので，上側確率 $P=$ **0.005** から正規分布表（Ⅱ）を用いて $K_P=$ **2.576** と求める．

続いて $K_P=u=$ **2.576** から，標準化の式を用いて，

$$u=\frac{x-\mu}{\sigma}$$

$$\mathbf{2.576}=\frac{\mathbf{808.0-802.0}}{\boldsymbol{\sigma}}$$

$$\boldsymbol{\sigma}=\mathbf{2.33\rightarrow 2.3}$$

となる．よって，母標準偏差を **2.3** 以下にすればよい．

04-02 二項分布

重要度 ●●○
難易度 ■■■

1．二項分布とは

計量値のデータの多くが，正規分布に従うことはすでに学んだ．

不連続な値をとる計数値のデータは一般に正規分布とは異なる分布を示す．その代表的な分布が**二項分布**である．

小さな同じ形で同じ大きさの白い石と黒い石が正確に半分ずつ，よく混ざった状態で入っている大きな箱があるとする．この箱から目をつぶって 10 個の石を抜き取ったときにその中の白い石の数はどうなるだろうか？複数回行うと取るたびに違う数になりそうである．しかし，0 から 10 個のうちのどれかの値をとるはずだが，0 個や 10 個になることはめったになさそうで，5 個前後が多そうである．このような場合の白い石の数の確率分布が**二項分布**である．

一般に，製造工程で発生する不適合品数は二項分布に従う．母不適合品率 P の工程からサンプルを n 個ランダムに抜き取ったとき，サンプル中に不適合品が x 個ある確率 Px は，以下の式で求めることができる．

$$P_x = {}_nC_x P^x(1-P)^{n-x} = \frac{n!}{x!(n-x)!} P^x(1-P)^{n-x}$$

ここで，

$${}_nC_x = \frac{n!}{x!(n-x)!} \quad (n \text{ 個から } x \text{ 個選ぶ場合の数})$$

$n! = n \times (n-1) \times \cdots \times 3 \times 2 \times 1$　（n の階乗）

$0! = 1$　（0 の階乗は 1）

$x^0 = 1$　（0 乗は 1）

である．

二項分布は，母平均 nP と母分散 $nP(1-P)$ の確率分布である．

すなわち，二項分布は**母不適合品率 *P*** が決まれば 1 つに決まる．

また，母数 P は不適合品率や不良率に限定されない．内閣支持率やスポーツの勝率など二値に分類できるものなら何でもよい．

先の石の例を用いて，10 個中白い石が 0 から 10 までの確率を計算する．

$$P_0=\frac{10!}{0!(10-0)!}0.5^0(1-0.5)^{10-0}=1\times0.5^{10}=0.00098$$

$$P_1=\frac{10!}{1!(10-1)!}0.5^1(1-0.5)^{10-1}=10\times0.5^{10}=0.00977$$

$$P_2=\frac{10!}{2!(10-2)!}0.5^2(1-0.5)^{10-2}=45\times0.5^{10}=0.04395$$

$$P_3=\frac{10!}{3!(10-3)!}0.5^3(1-0.5)^{10-3}=120\times0.5^{10}=0.11719$$

$$P_4=\frac{10!}{4!(10-4)!}0.5^4(1-0.5)^{10-4}=210\times0.5^{10}=0.20508$$

$$P_5=\frac{10!}{5!(10-5)!}0.5^5(1-0.5)^{10-5}=252\times0.5^{10}=0.24609$$

$$P_6=\frac{10!}{6!(10-6)!}0.5^6(1-0.5)^{10-6}=210\times0.5^{10}=0.20508$$

$$P_7=\frac{10!}{7!(10-7)!}0.5^7(1-0.5)^{10-7}=120\times0.5^{10}=0.11719$$

$$P_8=\frac{10!}{8!(10-8)!}0.5^8(1-0.5)^{10-8}=45\times0.5^{10}=0.04395$$

$$P_9=\frac{10!}{9!(10-9)!}0.5^9(1-0.5)^{10-9}=10\times0.5^{10}=0.00977$$

$$P_{10}=\frac{10!}{10!(10-10)!}0.5^{10}(1-0.5)^{10-10}=1\times0.5^{10}=0.00098$$

となり，$P_0+P_1+P_2+\cdots+P_{10}=1$ も確認できる．これを図示すると，図 4.12 になる．

二項分布は，$nP\geqq5$ でかつ $n(1-P)\geqq5$ のとき，**正規分布**に近似すると考えてもよいといわれており，この考え方は**計数値**の管理図などで使われている．

例題 4.6

母不適合品率 $P=0.10$ の工程から，サンプルを 5 個抜き取ったとき，サンプル中の不適合品数が 2 個以下である確率を求めよ．

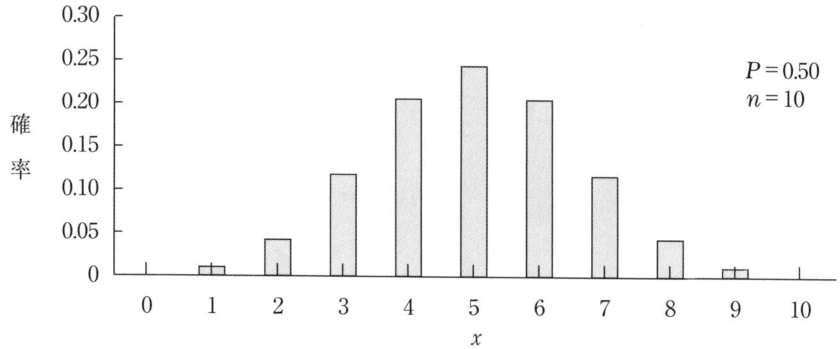

図 4.12　二項分布の確率分布

【解答 4.6】

$x \leqq 2$ の確率は $x = \mathbf{0}$，$x = \mathbf{1}$，$x = \mathbf{2}$ となる確率 P_0，P_1，P_2 の合計になるので，$P = 0.10$，$n = 5$ のときの，二項分布の確率の式を用いて，

$$P_x = {}_nC_x P^x (1-P)^{n-x} = \frac{n!}{x!(n-x)!} P^x (1-P)^{n-x}$$

$$P_0 = \frac{5!}{0!(5-0)!} 0.1^0 (1-0.1)^{5-0} = 1 \times 1 \times 0.9^5 = 0.590$$

$$P_1 = \frac{5!}{1!(5-1)!} 0.1^1 (1-0.1)^{5-1} = 5 \times 0.1 \times 0.9^4 = 0.328$$

$$P_2 = \frac{5!}{2!(5-2)!} 0.1^2 (1-0.1)^{5-2} = 10 \times 0.1^2 \times 0.9^3 = 0.073$$

$$P_0 + P_1 + P_2 = 0.991$$

となる．

これができれば合格！

- 正規分布の性質と特徴の理解
- 正規分布表を使った P から K_P，K_P から P の計算
- 正規分布に従う変数の確率計算
- 二項分布の性質と特徴の理解
- 二項分布に従う変数の確率計算

第5章

管理図

管理図は，工程が管理状態にあるか否かを判断するための有用な道具であり，工程解析の手段としても広く使われている．

本章では，“ 管理図 ”について学び，下記のことができるようにしておいてほしい．

- 管理図の目的，原理，偶然原因によるばらつきと異常原因によるばらつきの意味の説明
- 統計的管理状態の意味の説明
- 管理図の種類についての説明
- $\bar{X}-R$ 管理図，p 管理図，np 管理図の作成，管理線の計算
- 管理図の見方と統計的管理状態の判定方法の説明

05-01

管理図とは

重要度 ●●●
難易度 ■■□

1. 管理図とは

管理図は，工程を管理または解析する道具として，**シューハート**(W. A. Shewhart)によって考案された．工程の異常を検出するため，工程が下記に示す**偶然原因**によってのみばらつく状態(統計的に管理状態であるという)であるか否かを統計的に見分けるものである．

工程において品質のばらつきをもたらす原因には多くのものがある．これらの原因には**偶然原因**と**異常原因**がある．

(1) 偶然原因によるばらつき

原材料，作業方法，機械・設備などについて，技術的に十分検討した標準に基づき製造してもなお発生するばらつき．技術的にも経済的にも，これを除去する**必要のない**ばらつき．**不可避**な原因によるばらつき．

(2) 異常原因によるばらつき

標準通りの作業ができていない，標準が適当でないなどのために生ずるばらつき．技術的にも経済的にも，これを**見逃すことのできない**ばらつき．

管理図では，工程が管理状態であるかどうかを見極めるための判断基準である**管理限界**が設けられる．いずれの管理図においても管理限界は，

(平均値)±3 ×(標準偏差)

によって計算される．このような管理図を**3 シグマ法**の管理図という．

すべての点が**管理限界内**にあり，点の並び方に**クセのない**ときに，工程が**管理状態**であると判断する．

2. 管理図の種類

管理図には，**計量値**の管理図と**計数値**の管理図がある(表 5.1)．またその目的によっても分類される．

表 5.1　主な管理図の種類

分類	名称	内容
計量値の管理図	$\overline{X}-R$ **管理図**	**群ごとの平均値と範囲の管理図**
計数値の管理図	p **管理図** np **管理図**	**不適合品率の管理図** **不適合品数の管理図**

(1)　解析用**管理図**

- 現在の工程が管理状態にあるかどうかを調べるために用いる.
- 一定期間に得られたデータを用いて，群ごとのデータを打点して，**管理線を計算**する．各点と管理線から管理状態にあるかどうかを判断する.
- データをとる段階では，管理線が**与えられていない**.

(2)　管理用**管理図**

- 工程が管理状態にあると判断されるとき，その状態が維持されているのかどうかを判定するために用いる.
- **すでに求めた管理線を延長**し，逐次新たに得られた群ごとのデータを打点して，管理状態にあるかどうかを判断する.
- データをとる段階で，管理線が**与えられている**.

05-02 管理図の作り方

重要度 ●●●
難易度 ■■■

1. $\overline{X}-R$ 管理図の作り方

$\overline{X}-R$ 管理図は，長さ，重量，収率などの**計量値**について群内のばらつきの群ごとの変動を管理・解析する **R 管理図**と，工程平均の群ごとの変動を管理・解析する **$\overline{X}$ 管理図**よりなっている．

例題 5.1

最近，不適合品の発生が多くなっている．工程の状況を調査するため 1 日 4 個のサンプルをランダムに採取し 30 日間にわたって製品特性値のデータを収集した(表 5.2)．これらのデータを用いて $\overline{X}-R$ 管理図を作成せよ．

表 5.2 $\overline{X}-R$ 管理図データシート

群番号	X_1	X_2	X_3	X_4
1	533	480	524	520
2	549	480	538	495
3	560	489	489	487
4	490	425	476	518
5	548	521	480	538
6	488	525	450	456
7	442	420	409	500
8	508	531	476	505
9	500	530	421	507
10	436	456	506	520
11	456	471	410	423
12	449	411	454	495
13	430	463	421	466
14	400	410	450	450
15	435	464	427	410

群番号	X_1	X_2	X_3	X_4
16	421	397	400	466
17	558	520	482	517
18	400	393	418	498
19	521	553	541	463
20	492	423	507	538
21	441	457	424	468
22	500	507	516	484
23	445	463	401	442
24	510	512	554	479
25	497	466	495	502
26	555	575	480	420
27	464	412	489	489
28	512	545	475	483
29	453	441	452	502
30	427	465	413	486

【解答 5.1】

手順 1　データを収集する

比較的最近のデータがよい．全データ数は，(群の大きさ n)×(群の数 k)となる．また，群の数 k は **20 ～ 30** とするのが適当である．

手順 2　群分けをする

群内がなるべく**均一**になるように同一製造日，同一ロットなどで群分けし，同じ群内に異質のデータが入らないようにする．群の大きさは通常 **2 ～ 5** 程度とする．

> “**群の大きさ**”とは，1 つの群(例えば 1 日)において採取したデータの数をいい，例題 5.1 の場合は 4 である．“**群の数**”とは，データを収集した期間における群(例えば日)の数をいい，例題 5.1 の場合は 30 である．

手順 3　群分けしたデータをデータシートに記入する

手順 4　群ごとの平均値 $\overline{X}$ と範囲 R を計算する

このとき，平均値の桁数は測定値の 1 桁下まで求めるので，2 桁下の値を 1 桁下に丸める(表 5.3)．

$$\overline{X}=\frac{\textbf{(群内のデータ数)}}{\textbf{(群の大きさ)}}=\frac{\sum X}{n}$$

$$R=(\text{群内のデータの}\textbf{最大値})-(\text{群内のデータの}\textbf{最小値})=X_{\max}-X_{\min}$$

手順 5　総平均値 $\overline{\overline{X}}$ および範囲の平均値 $\overline{R}$ を計算する．

総平均値の桁数は測定値の 2 桁下まで求めるので，2 桁下まで求めた群ごとの平均値 $\overline{X}$ の合計を群の数で割って求めた 3 桁下の値を 2 桁下に丸める．

範囲の平均値は測定値の 2 桁下まで求めるので，群ごとの範囲 R の合計を群の数で割って求めた 3 桁下の値を 2 桁下に丸める．

$$\overline{\overline{X}}=\frac{\textbf{(群ごとの平均値の合計)}}{\textbf{(群の数)}}=\frac{\sum\overline{X}}{k}=\frac{\mathbf{14282.50}}{\mathbf{30}}=\mathbf{476.083}$$

$$\rightarrow \mathbf{476.08}$$

$$\overline{R}=\frac{\textbf{(群ごとの範囲の合計)}}{\textbf{(群の数)}}=\frac{\sum R}{k}=\frac{\mathbf{2204}}{\mathbf{30}}=\mathbf{73.467}\rightarrow\mathbf{73.47}$$

表 5.3 $\overline{X}-R$ 管理図の補助表

$\sum X_i$	$\overline{X}$ 小数点以下2桁	$\overline{X}$ 小数点以下1桁	R	$\sum X_i$	$\overline{X}$ 小数点以下2桁	$\overline{X}$ 小数点以下1桁	R
2057	514.25	514.2	53	2077	519.25	519.2	76
2062	515.50	515.5	69	1709	427.25	427.2	105
2025	506.25	506.2	73	2078	519.50	519.5	90
1909	477.25	477.2	93	1960	490.00	490.0	115
2087	521.75	521.8	68	1790	447.50	447.5	44
1919	479.75	479.8	75	2007	501.75	501.8	32
1771	442.75	442.8	91	1751	437.75	437.8	62
2020	505.00	505.0	55	2055	513.75	513.8	75
1958	489.50	489.5	109	1960	490.00	490.0	36
1918	479.50	479.5	84	2030	507.50	507.5	155
1760	440.00	440.0	61	1854	463.50	463.5	77
1809	452.25	452.2	84	2015	503.75	503.8	70
1780	445.00	445.0	45	1848	462.00	462.0	61
1710	427.50	427.5	50	1791	447.75	447.8	73
1736	434.00	434.0	54	合計	14282.50		2204
1684	421.00	421.0	69	平均	476.083		73.467

注） 小数点以下 1 桁は，JIS Z 8401：2019「数値の丸め方」規則 A に従って丸めたものである．

手順 6　管理線を求める

管理線を次式によって計算する．$\overline{X}$ 管理図の管理線は測定値の 2 桁下まで，R 管理図の管理線は測定値の 1 桁下まで求める．

$\overline{X}$ 管理図の管理線

中心線　$CL = \overline{\overline{X}}$

上側管理限界　$UCL = \overline{\overline{X}} + A_2\overline{R}$

下側管理限界　$LCL = \overline{\overline{X}} - A_2\overline{R}$

A_2 は群の大きさ n によって決まる定数で，表 5.4 の係数表より求める．$n = 4$ の場合，$A_2 =$ **0.729** となる．

表 5.4　$\overline{X}-R$ 管理図の係数表

群の大きさ n	A_2	d_2	D_3	D_4
2	1.880	1.128	—	3.267
3	1.023	1.693	—	2.575
4	0.729	2.059	—	2.282
5	0.577	2.326	—	2.114
6	0.483	2.534	—	2.004
7	0.419	0.833	0.076	1.924
8	0.373	0.820	0.136	1.864
9	0.337	0.808	0.184	1.816
10	0.308	0.797	0.223	1.777

注)．D_3 の欄の「—」は，R 管理図の下側管理限界は「示されない」ということになる．

$CL = \overline{\overline{X}} = \mathbf{476.08}$

$UCL = \overline{\overline{X}} + A_2\overline{R} = \mathbf{476.08 + 0.729 \times 73.47 = 529.64}$

$LCL = \overline{\overline{X}} - A_2\overline{R} = \mathbf{476.08 - 0.729 \times 73.47 = 422.52}$

となる．

R 管理図の管理線
中心線　$CL = \overline{R}$
上側管理限界　$UCL = D_4\overline{R}$
下側管理限界　$LCL = D_3\overline{R}$

D_3，D_4 は群の大きさ n によって決まる定数で，表 5.4 の係数表より求める．D_3 の値は，n が **6** 以下のときは示されない．$n = \mathbf{4}$ の場合，$D_4 = \mathbf{2.282}$，$D_3 =$ **(示されない)** となる．よって，

$CL = \overline{R} = \mathbf{73.47 \rightarrow 73.5}$

$UCL = D_4\overline{R} = \mathbf{2.282 \times 73.47 = 167.66 \rightarrow 167.7}$

$LCL = D_3\overline{R} =$ **(示されない)**

となる．

- $\overline{X}-R$ 管理図の各係数は，**群の大きさ**によって決まることに注意する．
- 上側管理限界を上部管理限界または上方管理限界，下側管理限界を下部管理限界または下方管理限界ともいう．

手順 7　管理図を作成する

グラフ用紙などに，左端縦軸に $\overline{X}$ と R の値をとり，横軸に群番号や測定日をとる．管理限界線の上部と下部の幅は群と群の幅の約 **6** 倍くらいにとるとよい．中心線は**実線(——)**，管理限界線は**破線(……)**を用いる．

手順 8　プロットする

群番号順に各群の $\overline{X}$ と R の値をプロットする．$\overline{X}$ の打点は(•)とし，R の打点は(×)とする．限界外の点は○で囲んでわかりやすくする．

手順 9　必要事項を記入する

群の大きさ n を記入する．その他，必要な項目を記入する(図 5.1)．

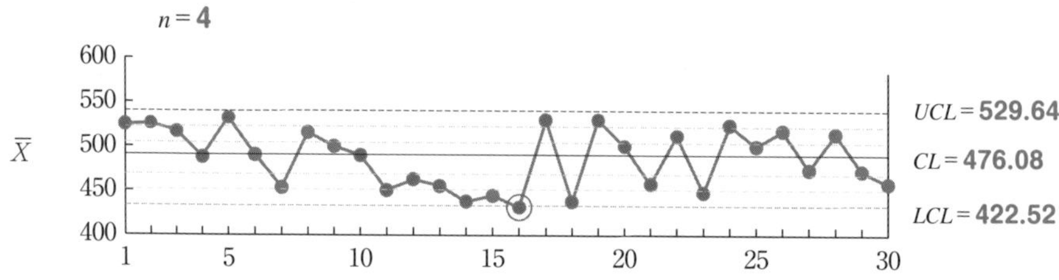

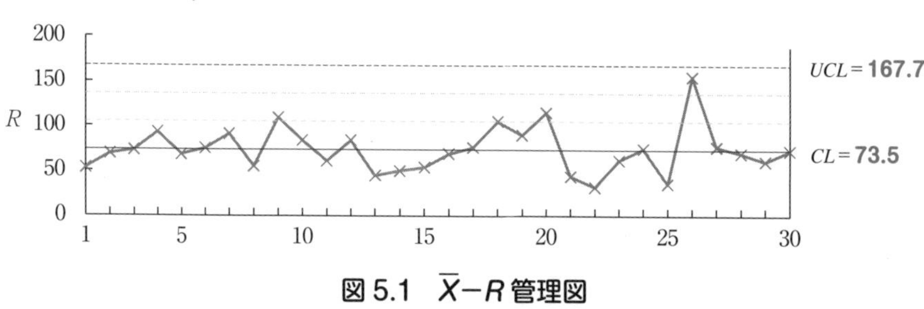

図 5.1　$\overline{X}$−R 管理図

2. *p* 管理図，*np* 管理図の作り方

計数値の管理図の代表的なものに p **管理図**，np **管理図**がある．それぞれ**不適合品率**，**不適合品数**の管理図であるが，製品などが 1 個ごとに適合品，不適合品と判定される場合に，**群の大きさ** n_i **が一定**の場合には np 管理図，そうでない場合には p 管理図を用いる．

（1）　p 管理図の作り方

群の大きさ n_i が**群ごとに異なる場合**には，各群ごとの不適合品率を管理図に打点する．不適合品率の群ごとの変動を管理，解析する場合に用いる．

手順 1　データを収集する

群の大きさ（検査個数）n と不適合品数 np のデータを 20～30 群集める（表 5.5）．

表 5.5　p 管理図データシート

群番号	群の大きさ n	不適合品数 np	不適合品率 p(%)
1	100	5	5.00
2	120	8	6.67
3	140	9	6.43
4	180	2	1.11
5	200	1	0.50
6	85	1	1.18
7	69	0	0.00
8	100	8	8.00
9	112	9	8.04
10	160	4	2.50
11	123	6	4.88
12	147	3	2.04
13	89	2	2.25
14	67	1	1.49
15	60	1	1.67
16	80	3	3.75
17	70	5	7.14
18	90	6	6.67
19	56	4	7.14
20	125	6	4.80
21	140	5	3.57
22	140	3	2.14
23	160	2	1.25
24	130	6	4.62
25	150	8	5.33
合計	2893	108	平均 3.733

手順 2　群ごとの不適合品率 p_i の計算

$$p_i = \frac{\textbf{（各群の不適合品数）}}{\textbf{（各群の大きさ）}} = \frac{(np)_i}{n_i}$$

第 1 群では，

$$p_1 = \frac{(np)_1}{n_1} = \frac{5}{100} = 0.0500\,(5.00\%)$$

となる．

手順 3　平均不適合品率 $\bar{p}$ の計算

$$\bar{p} = \frac{\textbf{（各群の不適合品数の合計）}}{\textbf{（各群の大きさの合計）}} = \frac{\sum(np)_i}{\sum n_i} = \frac{108}{2893} = 0.03733\,(3.733\%)$$

05-02 管理図の作り方

手順４

管理線の計算

p 管理図の**管理線**

中心線　$CL = \bar{p} = 0.03733$

上側管理限界　$UCL = \bar{p} + 3\sqrt{\dfrac{\bar{p}(1-\bar{p})}{n_i}}$

$$n_1=100 \text{ のとき：} UCL = 0.03733+3\sqrt{\frac{0.03733(1-0.03733)}{100}} = 0.09420$$

$$n_2=120 \text{ のとき：} UCL = 0.03733+3\sqrt{\frac{0.03733(1-0.03733)}{120}} = 0.08925$$

下側管理限界　$LCL = \bar{p}-3\sqrt{\dfrac{\bar{p}(1-\bar{p})}{n_i}}$

$$n_1=100 \text{ のとき：} LCL = 0.03733-3\sqrt{\frac{0.03733(1-0.03733)}{100}} = -0.01954 \rightarrow \text{考えない}$$

$$n_2=120 \text{ のとき：} LCL = 0.03733-3\sqrt{\frac{0.03733(1-0.03733)}{120}} = -0.01459 \rightarrow \text{考えない}$$

- p 管理図の管理限界は**群の大きさ**によって異なるので，**群の大きさ**ごとに計算する必要がある．ただし，n の変化が少ない場合には n の平均値 $\bar{n}$ を用いて管理限界線を計算することがある．
- LCL が負の値になる場合は，下側管理限界は考えない．

手順５

各群の不適合品率を打点し，各群の大きさに対応した管理線を記入して，p 管理図を作成する（図 5.2）．

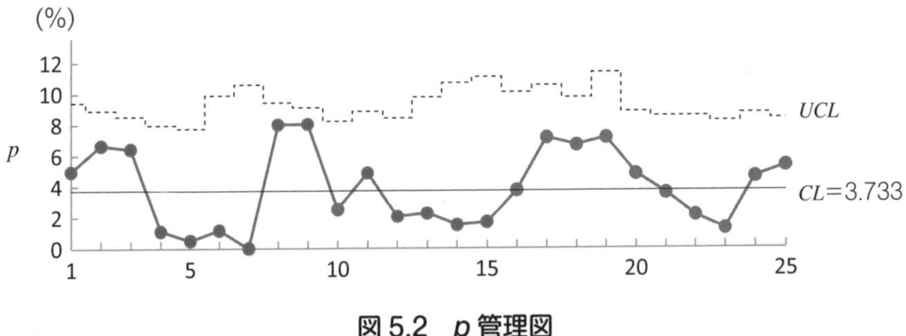

図 5.2　*p* 管理図

(2)　*np* 管理図の作り方

各群の大きさ n_i が**一定の場合**にのみ用いることができる．このとき，**各群ごとの不適合品数** $r_i = (np)_i$ **そのもの**を管理図に打点する．

手順 1　データを収集する

群の大きさ（検査個数）n と不適合品数 np のデータを 20 〜 30 群集める（表 5.6）．

表 5.6　*np* 管理図データシート

群番号	群の大きさ n	不適合品数 np
1	500	25
2	500	12
3	500	5
4	500	28
5	500	30
6	500	25
7	500	14
8	500	19
9	500	8
10	500	10
11	500	21
12	500	22
13	500	23

群番号	群の大きさ n	不適合品数 np
14	500	18
15	500	30
16	500	14
17	500	17
18	500	19
19	500	16
20	500	14
21	500	9
22	500	3
23	500	8
24	500	14
25	500	16
合計	12500	420
平均		16.80

手順２　平均不適合品率 $\bar{p}$ の計算

$$\bar{p} = \frac{(\text{各群の不適合品数の合計})}{(\text{各群の大きさの合計})} = \frac{\sum (np)_i}{\sum n_i} = \frac{420}{25 \times 500}$$

$$= 0.0336 (3.36\%)$$

手順３

管理線の計算

np 管理図の**管理線**

中心線　　$CL = n\bar{p} = 500 \times 0.0336 = 16.80$

上側管理限界

$$UCL = n\bar{p} + 3\sqrt{n\bar{p}(1-\bar{p})} = 16.80 + 3\sqrt{16.80(1-0.0336)}$$
$$= 28.888$$

下側管理限界

$$LCL = n\bar{p} - 3\sqrt{n\bar{p}(1-\bar{p})} = 16.80 - 3\sqrt{16.80(1-0.0336)}$$
$$= 4.712$$

LCL が**負の値**になる場合は，下側管理限界は考えない．

手順４　np 管理図の作成

各群の不適合品数を打点し，管理線と群の大きさを記入して，np 管理図を作成する(図 5.3).

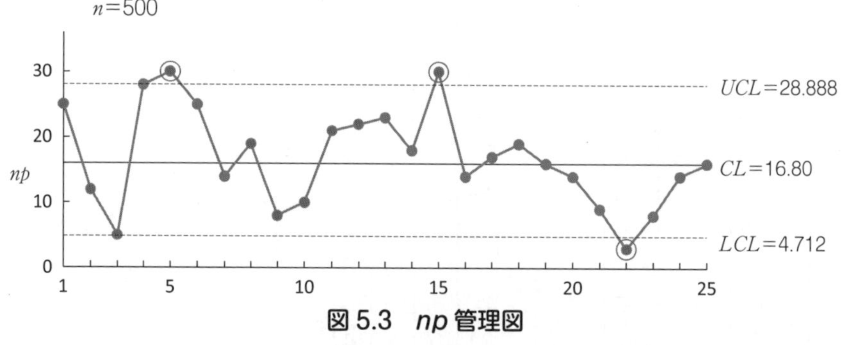

図 5.3　np 管理図

05-03 管理図の見方・使い方

重要度 ●●●
難易度 ■■■

1．管理図の見方

工程の管理では，管理図によって工程が**統計的管理状態**であるかどうかを正しく判断することが重要であり，異常が発見された場合は，すぐにその原因を調査し，処置をとる必要がある．

(1) 統計的管理状態の判定

統計的管理状態とは，工程平均やばらつきが変化しない状態のことをいう．
① 管理図の点が**管理限界内**にある．
② 点の並び方，ちらばり方に**クセ**がない
であれば，工程は管理状態と見なす．

3シグマ法の管理図では，「工程に異常がないのに，異常があると判断してしまう誤り」は非常に小さく（約 **0.3%**）おさえてあるので，点が**限界外**に出た場合は**異常がある**と判断してほぼ問題ない．一方，「工程に異常があるのに，異常がないと判断してしまう誤り」もあるので，この誤りを小さくするために，点の並び方やちらばり方の**クセ**による判断を合わせて行う．

(2) 工程異常の判定のためのルール

JIS Z 9020-2：2023「管理図－第2部：シューハート管理図」では，**異常判定**ルールの例を示している．

① 管理図の点が**管理限界の外側**にある（例1）

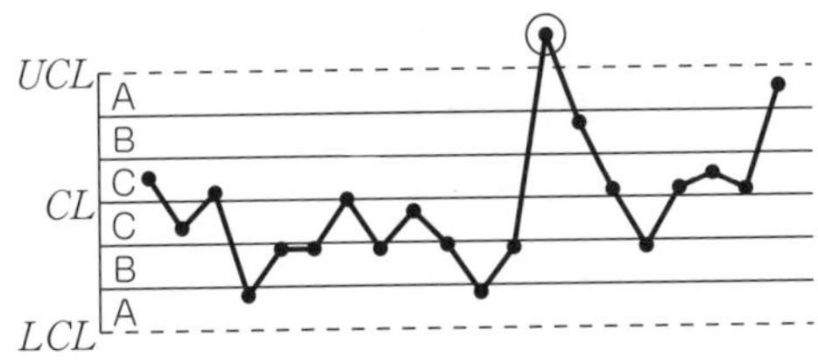

例1：**1つ**または**複数**の点が**ゾーンAを超えたところ**（**管理限界の外側**）にある

② 点が中心線に対して**同じ側に連続して表れる**場合(例 2)

点が中心線に対して同じ側に連続して並んだ状態を**連**といい，**連**を構成する点の数を**連の長さ**という．長さ **7** の**連**が表れた場合に異常と判断する．

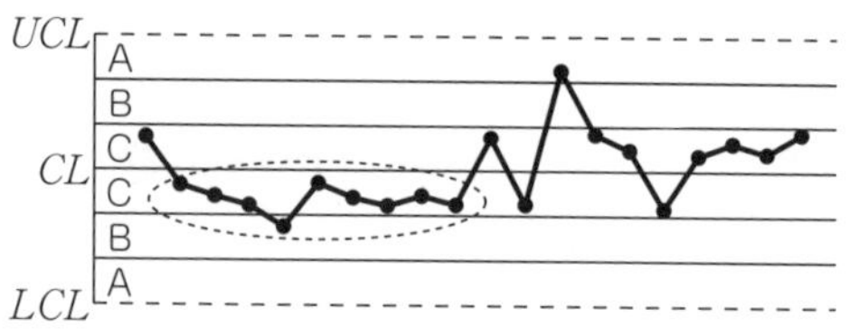

例 2：**連—中心線の片側の 7 つ以上**の連続する点

③ 点が**引き続き増加または減少している**場合(例 3)

点の並び方が，次々に前の点より大きくなる，または小さくなる場合，工程に**トレンド(傾向)**があると判断する．連続する **7** 点が増加または減少している場合に異常と判断する．

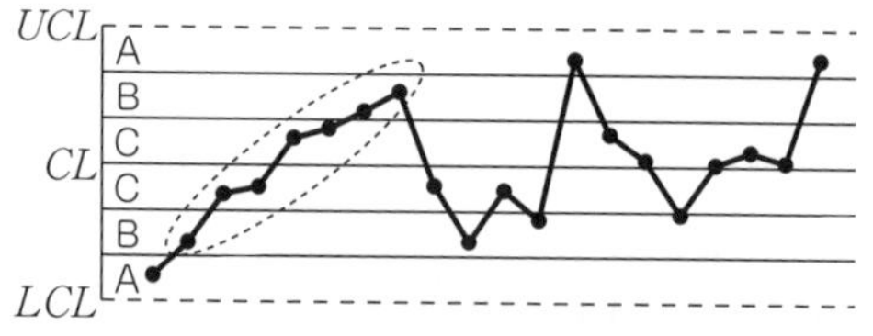

例 3：**トレンド**—全体的に**増加**または**減少**する**連続する 7 つの点**

④ 点が明らかにランダムでないパターンまたは周期的なパターン(例 4)

点が**規則的に変動**したり，**周期的に変動**する場合に異常と判断する．

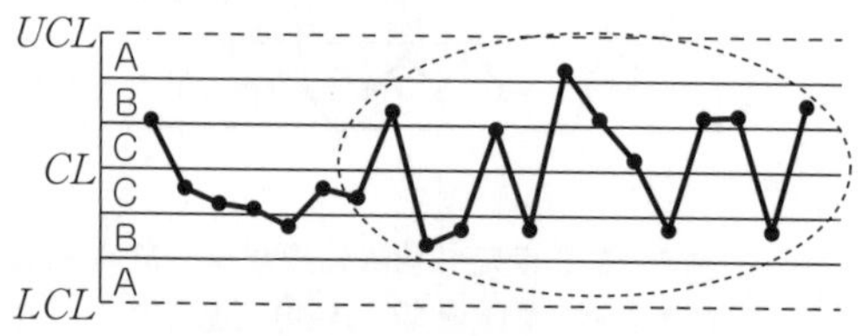

例 4：**明らかにランダムでない**パターン

第 5 章 管理図

注 1)　管理図は，中心線の両側で，A, B, C の 3 つのゾーンに等分され，各ゾーンは 1 シグマの幅である．

注 2)　これらの異常判定のルールの例については，①を除き，異なるルールの例が用いられることがある．

例題 5.2

例題 5.1 で作成した $\overline{X}-R$ 管理図について，**統計的管理状態**であるかどうかを判定せよ．

【解答 5.2】

R 管理図の点は**特に異常はない**．しかし，$\overline{X}$ 管理図では，群番号 **16** で管理限界外れが見られる．また，群番号 **20** から群番号 **29** で**周期的**な変動が見られる．よって，統計的管理状態**ではない**と判断される．

2. 管理図の使い方

(1)　群分けの工夫

群分けの良し悪しが，使える管理図になるかのポイントといえる．管理図は**偶然原因**によるばらつきを基準にして**異常原因**によるばらつきを判断することを目的としている．したがって，群内のばらつきが**偶然原因**によるばらつきだけで構成されるように，日内のデータをまとめて群にしたり，作業が同じ条件で行われているロットからのデータをまとめて群にしたりする．

(2)　層別

管理図においても，**層別**の考え方は重要である．同じ製品を複数の機械や何人かの作業員が製造している場合には，機械別，作業員別に**層別**すると，工程の解析や管理が容易になる場合がある．

これができれば合格！

- 管理図の目的，種類の理解
- $\overline{X}-R$ 管理図の管理線の計算
- p 管理図，np 管理図の管理線の計算
- 工程異常の判定のためのルールの理解

第6章

工程能力指数

品質管理を行い，改善を進めるためには，まず製品などを製造する工程の実態を知る必要がある．製品の品質がその規格値に対して満足しているかどうかなど，工程のもつ質的能力を工程能力と呼び，工程能力を把握する指標として工程能力指数が用いられる．

本章では，“ 工程能力指数 ”について学び，下記のことができるようにしておいてほしい．

- 工程能力指数の意味の説明
- 工程能力指数の計算
- 工程能力指数の評価方法の説明

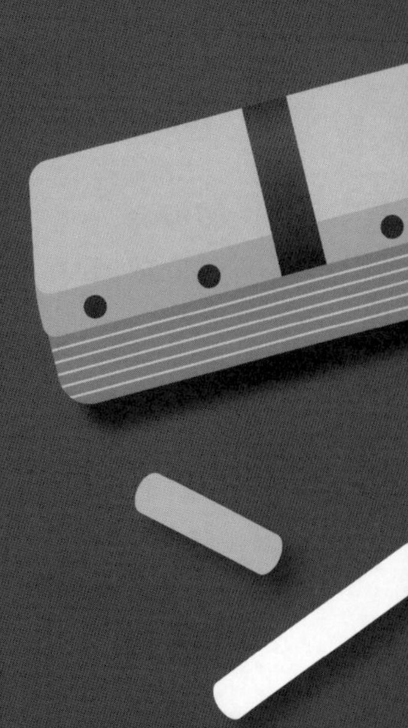

06-01 工程能力指数

重要度 ●●●
難易度 ■■■

1．工程能力指数とは

工程能力指数とは，**工程**の**質的能力**を測る指標（**指数**）である．

ところで，工程の**質的能力**とは何であろうか．工程において重要なことは適合品を多く作ること，つまり，不適合品率を下げることである．工程能力指数とは，その値を見るだけで，おおよその不適合品率がわかる「すぐれもの」である．

通常，工程で製造される製品の重要特性は，長さや重さなどの計量値データである．このデータから平均値 $\bar{x}$ や標準偏差 s を計算すれば，工程能力指数を計算することができる．

工　程　→　重要特性（計量値データ）
（不適合品率）←（**工程能力指数**）

より丁寧にいうと，計量値データは「正規分布」に従うと考えられる（第４章参照）．そこで，データから求めた平均値や標準偏差を用いて，**規格の値と比較をする**．これが，**工程能力指数**である．この値がわかると（これのみで）**規格外に出る割合**（**不適合品の割合**）を大まかに知ることができる．

2．工程能力指数の計算方法

（1）規格の中央と平均値が一致している場合

1）**上限規格** S_U，**下限規格** S_L があるとき（図 6.1（a））

多くの場合，規格は上側と下側に設定されている．このような場合は，次の式で工程能力指数を計算する．

$$\text{工程能力指数}：C_p = \frac{(\textbf{上限規格})-(\textbf{下限規格})}{\mathbf{6}\times(\textbf{標準偏差})} = \frac{S_U - S_L}{\mathbf{6}s} \quad (1)$$

2）**上限規格** S_U **のみ**があるとき（図 6.1（b））

$$\textbf{工程能力指数}：C_p = \frac{(\textbf{上限規格})-(\textbf{平均値})}{\mathbf{3}\times(\textbf{標準偏差})} = \frac{S_U - \bar{x}}{\mathbf{3}s} \quad (2)$$

第6章 工程能力指数

3）　**下限規格 S_L のみ**があるとき（図 6.1（c））

$$\textbf{工程能力指数}：C_p = \frac{\textbf{（平均値）－（下限規格）}}{\textbf{3 ×（標準偏差）}} = \frac{\bar{x} - S_L}{3s} \qquad (3)$$

（2）　上限規格 S_U，下限規格 S_L があり，平均が中心からずれているとき

平均値が**規格の中心からずれていて，簡単に中央に調整ができない**こともある．このようなときには，C_p と区別してかたよりを考慮した工程能力指数 C_{pk} を求める（図 6.1（d））．

かたよりを考慮した工程能力指数：

$$C_{pk} = \left(\frac{\bar{x} - S_L}{3s}, \ \frac{S_U - \bar{x}}{3s} \right) \text{の}\textbf{小さいほう} \qquad (4)$$

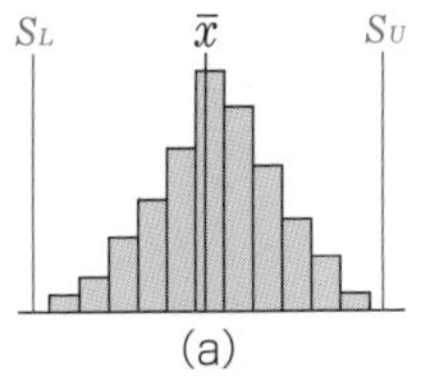

（a）

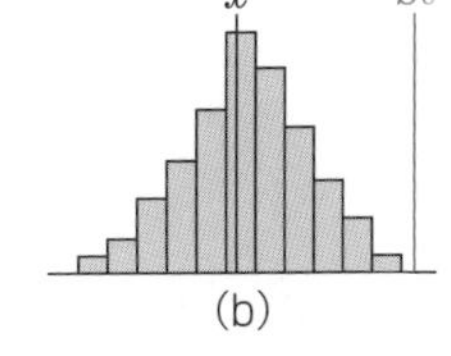

（b）

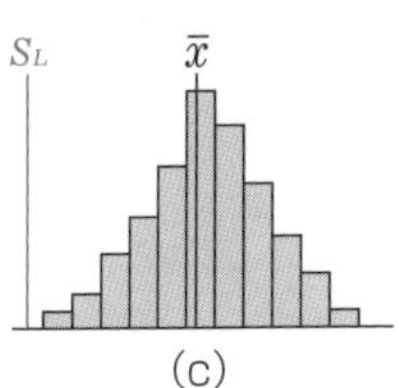

（c）

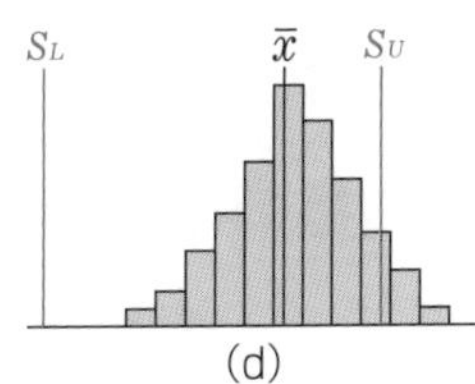

（d）

図 6.1　工程能力指数の考え方

注）　上限規格と下限規格の両方があるときに「**両側規格**」，どちらか一方のみがあるときに「**片側規格**」という．

例題 6.1

次の①～④について，工程能力指数を計算せよ．

①　上側規格 $S_U = 61.5$（cm），下側規格 $S_L = 58.5$（cm），標準偏差 $s = 0.4$（cm），平均 $\bar{x} = 60.6$（cm）のとき，工程能力指数は，以下のように計算される．

06－01 工程能力指数

$$C_p = \frac{S_U - S_L}{6s} = \frac{61.5 - 58.5}{6 \times 0.4} = 1.25$$

② 上側規格 $S_U = 61.5$(cm)，標準偏差 $s = 0.4$(cm)，平均 $\bar{x} = 60.6$(cm) のとき，工程能力指数は，以下のように計算される．

$$C_p = \frac{S_U - \bar{x}}{3s} = \frac{61.5 - 60.6}{3 \times 0.4} = 0.75$$

③ 下側規格 $S_L = 58.5$(cm)，標準偏差 $s = 0.4$(cm)，平均 $\bar{x} = 60.6$(cm) のとき，工程能力指数は，以下のように計算される．

$$C_p = \frac{\bar{x} - S_L}{3s} = \frac{60.6 - 58.5}{3 \times 0.4} = 1.75$$

④ 上側規格 $S_U = 61.5$(cm)，下側規格 $S_L = 58.5$(cm)，標準偏差 $s = 0.4$(cm)，平均 $\bar{x} = 60.6$(cm)のとき，平均値が規格の中央からずれていると考えると，工程能力指数は，以下のように計算される．

$$C_{pk} = \left(\frac{\bar{x} - S_L}{3s},\ \frac{S_U - \bar{x}}{3s}\right)\text{の小さいほう}$$

$$= \left(\frac{60.6 - 58.5}{3 \times 0.4},\ \frac{61.5 - 60.6}{3 \times 0.4}\right)\text{の小さいほう}$$

$$= (1.75,\ 0.75)\text{の小さいほう} = 0.75$$

3. 工程能力指数の判定

工程能力指数は，平均値と標準偏差が本当の値であると考えたときの規格外れの確率を求めるために計算されている．このとき，標準化を行えば，管理図での「**3σルール**」からもわかるように，±3を超える確率は，約 **0.3%** で，**めったに起こらない**．

工程能力指数の(1)式の分母にある **6** は，**3 と－3 の差**を意味しており，(2)，(3)，(4)式の分母にある **3** は，**0 と 3 の差**を意味している．つまり，工程能力指数が **1** を超えると，規格外れはめったに起こらないと考えられる．

これから，$C_p = \frac{S_U - S_L}{6s}$，$C_p = \frac{\bar{x} - S_L}{3s}$，$C_p = \frac{S_U - \bar{x}}{3s}$，

または $C_{pk} = \left(\frac{\bar{x} - S_L}{3s},\ \frac{S_U - \bar{x}}{3s}\right)$ の小さいほうの値が，それぞれ 4/6 = 2/3 = 0.67，6/6 = 3/3 = 1.00，8/6 = 4/3 = 1.33，10/6 = 5/3 = 1.67 となる場合

表 6.1　工程能力指数の解釈と処置

工程能力指数	解　　釈	処　　　置
$1.67 \leqq C_p$	工程能力は**十分すぎる**	**管理の簡素化や，コスト低減を検討する.**
$1.33 \leqq C_p < 1.67$	工程能力は**十分にある**	**工程は，理想的な状態である.**
$1.00 \leqq C_p < 1.33$	工程能力は**まずまずである**	**工程管理を行い，管理状態を保つ.**
$0.67 \leqq C_p < 1.00$	工程能力は**不足している**	**工程の改善が必要である.**
$C_p < 0.67$	工程能力は**非常に不足している**	**緊急に，改善が必要である．規格を再検討する.**

を基準として，工程能力の判定に用いられる(表 6.1).

例題 6.2

例題 6.1 で求めた，工程能力指数を判定せよ.

1)　このとき，$C_p = \mathbf{1.25}$ である．表 6.1 より，工程能力は**まずまずであり**，今後は**工程管理を行い，管理状態を保つ**.

2)　このとき，$C_p = \mathbf{0.75}$ である．表 6.1 より，工程能力は**不足しており**，今後は**工程の改善が必要である**.

3)　このとき，$C_p = \mathbf{1.75}$ である．表 6.1 より，工程能力は**十分すぎ**，今後は**管理の簡素化やコスト削減を考えてよい**.

4)　このとき，平均値が規格の中央からずれていると考えると，$C_{pk} = \mathbf{0.75}$ である．表 6.1 より，工程能力は**不足しており**，今後は**工程の改善が必要である**.

これができれば合格！

- 工程能力指数の意味
- 両側規格，片側規格，平均値が規格の中心にない場合について，工程能力指数の計算
- 工程能力指数の解釈と処置

第7章

相関分析

対応のある 2 種類のデータ x, y 間で，x の変化に応じて y が直線的に変化する場合，両者の間には「相関がある」といい，相関の大きさを判断することを相関分析と呼ぶ。

本章では“相関分析”について学び，下記のことができるようにしておいてほしい.

- 相関係数の計算方法
- 相関係数の意味の理解
- 散布図を見て，相関係数のおおよその値が推測できる

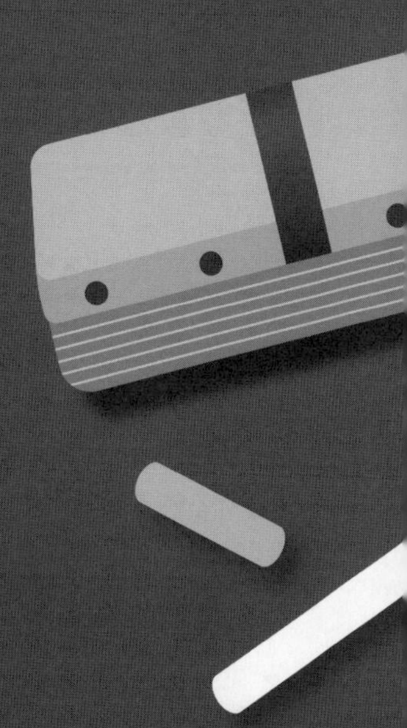

07-01 相関分析

重要度 ●●●
難易度 ■■■

1．相関分析とは

対になっている2種類のデータ x と y についての関係は，散布図を作成することによって容易に把握することができる(散布図については第2章 p.38 を参照のこと)．その関係の中で，x の変化に応じて y が直線的に変化する場合，両者に**相関**があるといい，相関の有無を統計的に解析することを“**相関分析**”といい．統計的に判断する指標としては“**相関係数**”が広く使われている。

2．相関係数

x と y との関係を見るには，まず散布図を作成し，直線的な関係の有無，その強さの度合い，外れ値の有無などを検討する．

そのうえで，直線関係に関する関連の強さを見るときには，相関の有無や強さの度合いを統計的に判断するために“**相関係数**”を求める．

“**相関係数**”とは，対になっている2つの測定値 x，y 間での相関の度合いを数値化して表した指標である．

相関係数 r は次式で求められる．

$$r = \frac{(\text{データ}\,x\,\text{とデータ}\,y\,\text{の積和})}{\sqrt{(\text{データ}\,x\,\text{の平方和})\times(\text{データ}\,y\,\text{の平方和})}} = \frac{Sxy}{\sqrt{Sxx \times Syy}}$$

ここで，

$$Sxx = \sum x^2 - \frac{\left(\sum x\right)^2}{n},\quad Syy = \sum y^2 - \frac{\left(\sum y\right)^2}{n},\quad Sxy = \sum xy - \frac{\sum x \times \sum y}{n}$$

Sxx，Syy はそれぞれ，第1章 p.8 で述べた x，y のデータの**平方和**の値を意味している．Sxy は**積和**(**偏差積和**と呼ばれることもあるが，本書では**積和**と呼ぶ)と呼ばれる値である．

"**相関係数 r**" は必ず－1から＋1までの値をとり,
- －1に近ければ負の相関が強くなる
- ＋1に近ければ正の相関が強くなる
- 0に近いときは相関がないと判断する

第2章の図2.14の散布図には相関係数の計算値も示したが，①と③は正の相関があるが，①のほうがより**＋1に近い値**となっている．また，②と④は負の相関があるが，②のほうがより**－1に近い値**となっている．⑤は相関がなさそうなので，**0に近い数値**になっているなど，実態が把握できなくなり，計算するべきではない．

<参考>

相関関係は，xとyの**直線的な関係の有無**を調べている．したがって，図7.1のような散布図が得られた場合は，曲線的な関係があると判断すべきであり，無理に相関係数を計算すると正の相関と負の相関が相殺されて0に近い値となるなど，実態が把握できなくなり，計算しても意味がない．

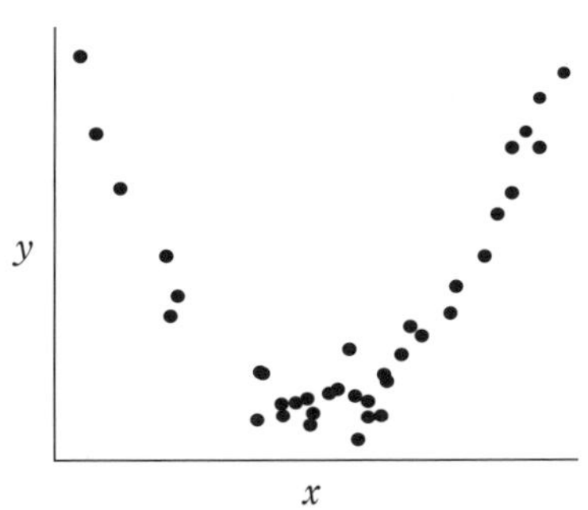

図7.1　曲線的な関係が見られる散布図

例題7.1

自動車用ゴム部品の製造工程で，強度$y(MPa)$がゴム部品の原料ゴム分量x(%)によってどれくらい影響するか調べるため，表7.1を作成した．

（1）　散布図を作成して相関の有無を判断せよ．

（2）　xとyの相関係数を計算せよ．

表 7.1　データ表

No.	x	y	x^2	y^2	xy
1	11	34	121	1156	374
2	15	36	225	1296	540
3	16	38	256	1444	608
4	10	32	100	1024	320
5	16	38	256	1444	608
6	13	34	169	1156	442
7	12	35	144	1225	420
8	10	33	100	1089	330
9	14	36	196	1296	504
10	12	35	144	1225	420
11	13	34	169	1156	442
12	17	38	289	1444	646
13	11	33	121	1089	363
14	14	35	196	1225	490
15	12	34	144	1156	408
16	17	37	289	1369	629
17	15	35	225	1225	525
18	18	37	324	1369	666
19	12	33	144	1089	396
20	17	35	289	1225	595
21	14	34	196	1156	476
22	13	35	169	1225	455
23	13	36	169	1296	468
24	12	33	144	1089	396
25	14	34	196	1156	476
26	16	34	256	1156	544
27	15	33	225	1089	495
28	16	36	256	1296	576
29	14	36	196	1296	504
30	10	32	100	1024	320
31	12	32	144	1024	384
32	16	37	256	1369	592
計	440	1114	6208	38878	15412

【解答 7.1】

(1)　散布図の作成

このデータでは強度yが特性で，ゴム部品の原料ゴム分量xが要因なので，原

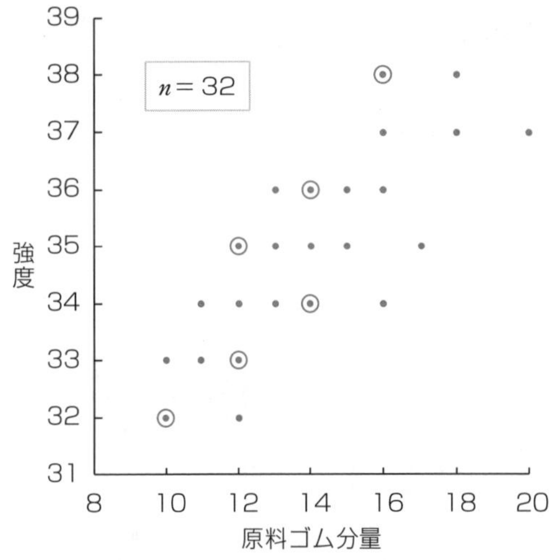

図 7.2　ゴム部品の原料ゴム分量と強度の散布図

料ゴム分量(%)を**横軸**にとる．原料ゴム分量 x の最大値は **18%**，最小値は **10%**，範囲(最大値－最小値)は **8%** である．強度 y の最大値は **38MPa**，最小値は **32MPa**，範囲は 6 MPa である．この範囲がほぼ同じ長さになるように縦軸と横軸を目盛る．散布図の作成において，同じデータがあって，打点が重なる場合は**二重丸**(◎)を入れて区別する．作成した散布図を図 7.2 に示す．

(2)　散布図からの考察

図 7.2 の散布図より，飛び離れた点は**ない**．同じ箇所に打点されたデータは **7** 点ある．原料ゴム分量 x が多くなると，強度 y は高くなる傾向にあるので，原料ゴム分量と強度との間には**正の相関がありそう**である．

(3)　相関係数の計算

手順 1　x，y，x^2，y^2，xy それぞれの合計を求める

表 7.1 より，

$$(\text{データ } x \text{ の合計}) = \sum x = \mathbf{440}$$

$$(\text{データ } y \text{ の合計}) = \sum y = \mathbf{1114}$$

$$(x^2\text{の合計}) = \sum x^2 = \mathbf{6208}$$

$$(y^2\text{の合計}) = \sum y^2 = \mathbf{38878}$$

$$(xy\text{の合計}) = \sum xy = \mathbf{15412}$$

手順2　平方和，積和を求める

$$\text{平方和 } Sxx = (x^2\text{の合計}) - \frac{(x\text{の合計})^2}{(\text{データ数})} = \sum x^2 - \frac{\left(\sum x\right)^2}{n}$$

$$= \mathbf{6208 - (440^2 / 32) = 158.0}$$

$$\text{平方和 } Syy = (y^2\text{の合計}) - \frac{(y\text{の合計})^2}{(\text{データ数})} = \sum y^2 - \frac{\left(\sum y\right)^2}{n}$$

$$= \mathbf{38878 - (1114^2 / 32) = 96.9}$$

$$\text{積和 } Sxy = (xy\text{の合計}) - \frac{(x\text{の合計}) \times (y\text{の合計})}{(\text{データ数})}$$

$$= \sum xy - \frac{\sum x \times \sum y}{n} = \mathbf{15412 - (440 \times 1114 / 32) = 94.5}$$

手順3　相関係数 r を求める

$$r = \frac{S_{xy}}{\sqrt{S_{xx} \times S_{yy}}} = \frac{\mathbf{94.5}}{\mathbf{\sqrt{158.0 \times 96.9}}} = \mathbf{0.764}$$

以上より，ゴム分量と強度との間には，**正の相関がある**といえる．

例題 7.2

図 7.3(a)～(f)に示す6つの散布図について，相関係数はどれくらいの値となるのか，下欄の選択肢からひとつ選べ．

【選択肢】

ア．0　イ．0.2　ウ．0.8　エ．0.99　オ．1.0

カ．−0.2　キ．−0.8　ク．−0.99　ケ．−1.0

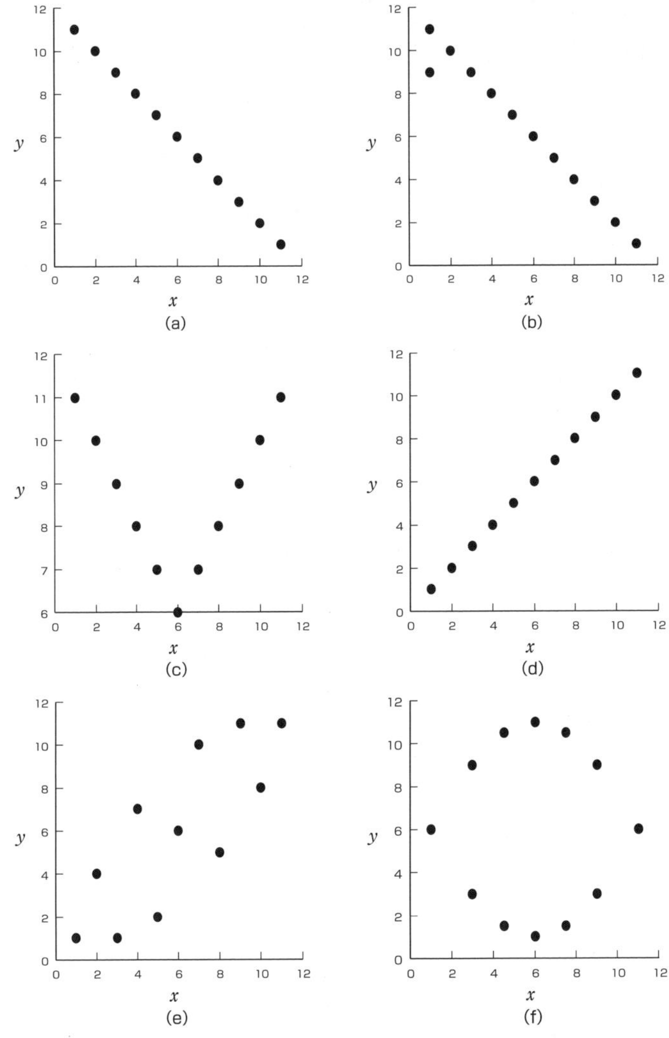

図 7.3　例題 7.2 の散布図

【解答欄】

(a)	(b)	(c)	(d)	(e)	(f)
ケ．－1.0	**ク．－0.99**	**ア．0**	**オ．1.0**	**ウ．0.8**	**ア．0**

これができれば合格！

- 相関分析の理解
- 相関係数 r の計算
- 相関関係の有無の理解
- 散布図を見て，相関係数 r の値のおおよその推察

第8章

QC的ものの見方・考え方

QC 的ものの見方・考え方は，品質管理活動の基本となる考え方で，広く適用されている．

本章では，“QC 的ものの見方・考え方”を学び，下記のことができるようにしておいてほしい．

- QC 的ものの見方・考え方の各用語の意味，適用場面の説明
- 顧客満足の説明
- マーケットインとプロダクトアウトの意味
- プロセス重視の説明
- 目的志向の説明
- 事実に基づく管理の説明
- 全員参加の説明
- QCD＋PSME の略語と意味

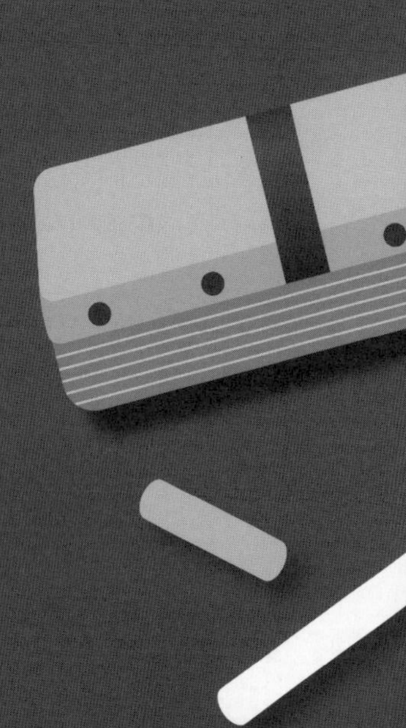

08-01 顧客満足

重要度 ●●●
難易度 ■■□

1. 顧客満足

"顧客満足(Customer Satisfaction：CS)" とは,「製品や提供するサービスに対して，顧客が自分のもつ要望や要求基準に対して充足していると感じ，満足している程度の状態」である.

日本の品質管理は，第2次世界大戦後にアメリカから学ぶところからスタートした．アメリカの科学的なアプローチに日本的な経営管理が加わって，独自の経営管理のやり方として**全社的品質管理(TQC)**(現在は，**総合的品質管理(TQM)**)として，日本の経済発展の礎となった．この総合的な品質管理を特徴づけているものとして，**QC的ものの見方・考え方**があり，日本の品質管理の実践のなかで確立された．本章では，QC的ものの見方・考え方の具体的な項目を説明する.

"**顧客**" とは,「個人若しくは組織向け又は個人若しくは組織から要求される製品・サービスを，受け取る又はその可能性のある個人又は組織.

例：消費者，依頼人，エンドユーザ，小売業者，内部プロセスからの製品又はサービスを受け取る人，受益者，購入者.

注記：顧客は，組織の内部又は外部のいずれでもあり得る」(JIS Q 9000：2015)である.

企業にとって顧客満足は，顧客ニーズに合致したマーケティング活動を行っているかの評価だけでなく，それにより製品・サー ビスの再購買や，他社競合製品・サービスへの流出を防ぐ意味で，顧客確保と維持に対する重要な概念となっている.

"**マーケットイン(Market-in)**" とは,「市場の要望に適合する製品を，生産者が企画，設計，製造及び販売する活動の考え方」(JIS Z 8141：2022)である．販売提供する製品は，消費者が望む使用品質や要求品質を満たすものでなければならない．マーケットインは，顧客が満足するような品質を備えた品物やサービスを提供することの重要性を表す.

一方，"**プロダクトアウト(Product-out)**" は,「ユーザーの要望をあまり考慮せずに企業の立場から，作った製品を市場で売る考え方」である.

消費者は，商品・サービスが自分の役に立つことが理解できれば購入する.「この商品はいいですよ」と言うだけでは商品は売れない.「この商品があなたにとっていかに役立つか」を伝え，相手に理解してもらえれば，その商品は売れる．顧客の要望を知るためには，顧客情報を収集して分析して，ターゲットとなる顧客を特定することが重要である.

自分が勝ち，相手も勝つ，それぞれの当事者が欲しい結果を得る関係を“**Win-Win**”という．すべての関係の中で，お互いの利益を求める精神のことであり，お互いに満足できる合意や解決策を打ち出す考え方である.

2. 品質第一

“**品質第一(Quality First)**”とは，「品質を優先的に第一に取り上げ，顧客が魅力を感じて購入し，使ってみて，喜んでもらえるような，品質の保証された 満足度の高い製品やサービスを作り出していくこと」である.

製品の品質確保はすべての業務の最優先事項である．品質が悪いと，失敗コストによる損失を被るおそれがある．製造では，廃棄，手直し，格下げなど，設計では設計ミス，設計変更，金型修正など，市場では苦情処理，取替え費，返品費，謝罪広告費などの損失があり，大切な顧客を失うことにもつながる.

利益確保の源泉は**品質第一**にあるといってよい．品質優先，品質至上という言葉も，品質第一とほとんど同じ意味で使われている.

3. 後工程はお客様

“**後工程はお客様**”とは，「それぞれの工程が，後工程をお客様のように考えて，それぞれの担当している業務のできばえについて，後工程に保証していく」ことである.

後工程はお客様の考え方は，品質を実現するための組織内部における行動原理の一つとなっている.「製品や提供するサービスに対して，顧客が自分のもつ要望や要求基準に対して充足していると感じ，満足してもらうこと」である.

08-02 プロセス重視

重要度 ●●●
難易度 ■■□

1. 特性と要因

“**特性**”とは，そのものだけがもつ特有の性質をいい，“**品質特性**”とは，品質を構成する要素(特性)をいう．

たとえば，カッターナイフの品質特性は，全長，高さ，厚みなどの寸法，材質，歯の形状などである．製品の価格や製品の所有者はその製品の品質特性ではない．

また，“**製品特性**”とは，製品の性質であり，製品がそれぞれもっている，特有の性質，特徴的な性質のことで，この差異により，顧客の製品への関心のもち方や買い方が異なってくる．例えば，新カッターナイフは，「切り口がきれいで，薄い紙からダンボールまで軽い力で鋭く切れる」などである．

“**要因**”とは，「仕事の結果に対し，影響を与える可能性のあるもの」であり，データのばらつきや変化をもたらす原因の総称をいう．データの解析にあたっては，どの要因が特性に影響を与えるか，またその要因がどの程度結果にばらつきを与えているかを知ることが重要である．要因のうち，ある現象を引き起こしていると特定されたものを原因という．

“**因果関係**”とは，「原因と結果の関係」をいう．結果をできるだけ一定の安定した状態に保つには，結果に対して影響を及ぼしている原因(要因)を見つけ，これを一定に保つ必要がある．このため，事実・データにもとづいて因果関係を解析し，整理することが重要である．これらの特性と要因の関係，結果と原因の関係を系統的に論理的に整理していくQC手法としては**特性要因図**や**連関図法**がある．

2. 応急対策，再発防止，未然防止，予測予防

“**応急対策**”とは，「原因不明，あるいは原因は明らかだが，何らかの制約で直接対策のとれない異常に対してとりあえずそれに伴う損失をこれ以上大きくしないためにとられる処置．すなわち，一時しのぎの処置，応急処置」をいう．

“**再発防止**(**Recurrence prevention**)”とは，「問題の原因又は原因の影響を除去して，再発しないようにする処置」(JIS Q 9024：2003)である．すなわち，再発防止とは，今後二度と同じ原因で問題が起きないように対策を行うことといえる．再発防止は，3 段階(個別対策，水平展開による類似原因の除去，根本原因の除去)に分けられる．

“**未然防止**(**Prevention**)”とは，「実施に伴って発生すると考えられる問題をあらかじめ計画段階で洗い出し，それに対する修正や対策を講じておくこと」である．

“**予測予防**”とは，「問題の発生を事前に予測し，それを予防すること」をいう．未然防止は，予測予防の手段であると考えられる．

3. 源流管理

“**源流管理**”とは，「お客様に喜ばれる製品の品質やサービスの品質を明らかにして，仕事の流れの上流(源流)，または担当業務における目的(源流)にさかのぼって，品質やサービスの機能や原因を掘り下げ，源流を管理していくこと，すなわち問題を前工程で処置していく管理のこと」をいう．

4. プロセス重視

1950 年代前半の日本企業の品質保証は，検査を重点とした品質保証であった．しかし，製品の品質が向上するわけではない．そこで，検査重点の品質保証から，工程解析，工程管理を重点とした品質保証へと変遷していった．品質が悪いということは，工程管理がなされていないからであり，工程を解析して必要な管理を行って品質を保証することが大切であり，“**品質は工程で作り込め**”ということである．“**品質は工程で作り込め**”ということを実践するためには，仕事の結果だけではなく，プロセス(工程)すなわち，仕事のやり方に着目して，プロセスを管理し，向上させていく必要がある．

“**プロセス重視**”とは，「よい品質を生む仕事のやり方(プロセス)を重視するというプロセス管理の考え方」である．

08-03 目的志向

重要度 ●●●
難易度 ■■□

1. 目的志向

"**目的志向**"とは,「意識を目的に向かって向ける」という言葉である。仕事をするときにその仕事一つひとつの目的を考えてみる.「なぜ,これをしなければならないか」,自分の最終的な目的が頭の中にクリアに描けていることが,目的志向の思考・行動の第一歩となる.

目的志向による仕事の進め方は,次の①~⑤である.

① 仕事の目的を明確にする.

② 目的に関連するすべての**業務要素**(仕事の**システム**)を洗い出す.

③ 仕事のシステムの出力とその出力を作り出すのに必要な入力を明確にする.

④ 仕事がうまくいっているかを見る**管理尺度**(**評価尺度**)を明確にする.

⑤ 仕事の手順について**フローチャート**を作成する.

2. QCD+PSME

品質管理では,**Quality**(**品質**)に**Cost**(**原価,価格**)と**Delivery**(**納期,生産量**)を加えた「**QCD**」の3つを合わせて,広義の品質という.

ものづくり では**Productivity**(**生産性**)も重視されるが,現場で重要なのは,**Safety**(**安全**)であり"**安全第一**"は大前提である.

さらに,Safetyに健康維持(心の健康も含む)を加えた**労働安全衛生活動**も重要な活動になっている.

また,近年は**Morale**(**士気**)や**Moral**(**倫理**),**製品安全**や**Environment**(**環境**)に対する活動も重視されるようになってきた.これらすべてを加えた「**QCD + PSME**」を総合的な品質と考える場合もある.

"安全第一"は1900年代初頭にアメリカで誕生した言葉で,"生産第一,品質第二,安全第三"で多くの労働災害に見舞われていた企業を,人道的見地から経営方針を抜本的に改革し,"安全第一,品質第二,生産第三"とした.

現在では安全確保は,会社を健全に経営するためのもっとも基本的な活動になっている．“安全第一”は大前提の話であり，安全が第一であるから品質第一は誤りである，という考え方はおかしい．

3. 重点指向

“**重点指向**”とは，「問題解決においては，とりあえず安易にできることから取り組むのでは根本的な解決はできないと考え，解決が困難でも結果への影響の大きい原因に高い優先順位を与えて，優先順位の高いものから取り上げてその解決に取り組んでいく考え方」のことをいう．

重点指向によって，重点的な問題を選択し，集中して解決していく．**パレート図**を用いて，上位の要因を見つけて解決に取り組むことも重点指向の一つである．

品質や利益の向上をはかり，長期的視点に立った企業体質の改善を効率的に行っていくには，重点指向の考え方が大切である．重点指向を具体的に実践するためには，上位の目標・ねらいを考える．活動と目標・ねらいの因果関係を整理し，原因を影響の大きいものと小さいものとに分けて，影響の大きいものから取り組む．この重点問題に対してQC手法を駆使して効果的に問題解決を進めていくことが重要である．

以下に，**重点問題**を設定する場合のポイントを列挙する．

＜**重点問題**設定のポイント＞

① 業績(売上高，営業利益など)に大きく貢献するもの
② 改善の余地の大きいもの
③ 現状と目標値とのギャップ(差)の大きいもの
④ 適用される数量，分野，部門が多く，波及効果の大きいもの
⑤ 現状打破を指向した挑戦的なもの
⑥ トラブルが多発しているもの，悪化傾向を示しているもの
⑦ 将来的な視点に立った組織の体質改善に役立つもの
⑧ 必要工数，期間，投資額などの面から相応の努力をすれば解決できるもの
⑨ トップ方針に関連づけられているもの
⑩ 改善に対するトップの要求のレベル，関心が強いもの

08-04 事実に基づく管理

重要度 ●●●
難易度 ■■□

1. 三現主義

“**三現主義**”とは，「現場，現物，現実という“3つの現”を重視する考え方」で，これらを重視しなければ，物事の本質をとらえることが難しいといわれている． 現場で，現物を見ながら，現実的に検討することである．

“**事実に基づく管理（ファクトコントロール）**”とは，「**経験**や**勘**のみに頼るのではなく，事実やデータに基づいて管理活動を展開していくこと」である．すなわち，事実やデータに基づく分析によって，定量的な目標を設定し，結果を分析して方針および品質マネジメントシステムのパフォーマンスを改善することである．

2. 見える化

“**見える化**”とは，「問題の早期発見や解決を目的に，関係者全員が確認できる状態にすること」であり，一般にグラフや図解による可視化を行うことが行われるが，「見える」ことにより，「気づき」→「考え」→「行動する」ことが期待されている．また“目で見る管理”が主として製造職場を対象にしていたのに対し，“**見える化**”については，製造職場のみならず，生産技術，開発，生産管理，総務などの管理・間接部門を含む全部門を対象にする．

“**潜在トラブルの顕在化**”とは，**再発防止**や**未然防止**を効果的に進めるために，報告されていない，表面化していないクレームや不良，売り損ない，時間，コストのムダに目を向け，顕在化させるという行動原則をいう．

3. ばらつきに注目する考え方

“**ばらつきの管理**”とは，「データのばらつきに着目し，ばらつきをコントロールすること」，すなわち「ばらつき自体は避けられないものとして，ばらつきを許された範囲に抑え込むこと」である．

08-05 全員参加

重要度 ●●●
難易度 ■■□

1. 全部門・全員参加

“**全部門・全員参加**”とは，「全階層，全員参加で行う活動」であり，全部門・全員参加の品質管理活動は，日本的品質管理の大きな特徴となっている．

2. 人間性尊重，従業員満足

“**人間性尊重**”とは，「人間らしさを尊び，重んじ，人間の特性を最大限に発揮できるようにすること」であり，企業はムダな作業は極力なくし，いかに考える余地を与えるか，現場の知恵が引き出せるかの環境作りを行う．その結果，働く人すべてが 100% の能力を発揮し，知恵を絞って自分で改善していくことにつながっていく．

“**従業員満足(ES：Employee Satisfaction)**”とは，「企業の業績向上，**顧客満足**を高めるためには，まず従業員の満足度を高める必要がある」とする考え方である．従業員の満足度を高めて，一人ひとりが高い意欲をもって仕事に取り組めば，企業としての魅力が高まり，**結果**として顧客満足も高まっていくことを示唆している．

これができれば合格！

- 各用語の定義の理解と実践：顧客満足，品質第一，後工程はお客様，プロセス重視，特性と要因，応急対策，再発防止，未然防止，源流管理，目的志向，QCD+PSME，重点指向，事実に基づく管理，全員参加など
- QC 的ものの見方・考え方の理解と実践

第9章

品　質

品質管理を行うためには，まず品質とは何かをしっかり理解しておくことが重要である．

本章では“品質の概念”について学び，下記のことができるようにしておいてほしい．

- 品質の定義の説明
- 要求品質と品質要素の意味の説明
- ねらいの品質とできばえの品質の意味の説明
- 品質特性，代用特性の意味の説明
- 当たり前品質と魅力的品質の意味の説明
- サービスの品質，仕事の品質の意味の説明
- 社会的品質の意味の説明
- 顧客満足 (CS)，顧客価値の意味の説明

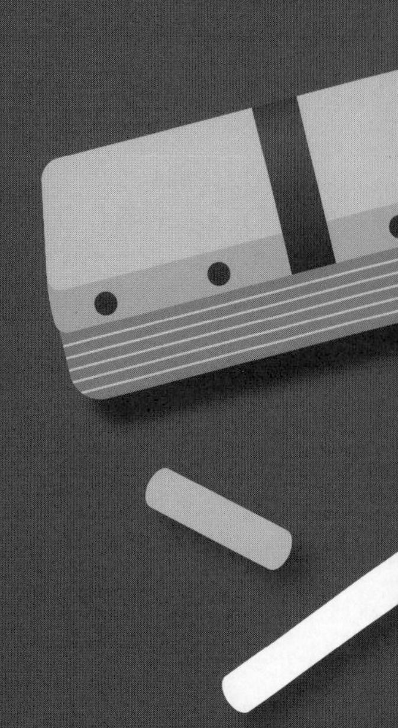

09-01 品質の概念

重要度 ●●●
難易度 ■□□

1. 品質の定義

“**品質**”は英語では Quality，ラテン語では Qualitas と呼ばれ，「よさ加減，よい性質，優れた特徴」という意味である．日本語の品質では，「品」(ひん)と「質」は同義語であり，いずれも Quality に対応する．

“**品質**”とは，「対象に本来備わっている特性の集まりが要求事項を満たす程度」(JIS Q 9000：2015)である．

“よい品質の品物”とは，お客様(ユーザー，社外の人，他部門の人，相手など)が期待しているような“はたらき”をもち，しかも安心して使えるような“**ばらつき**”の少ない品物といえる．

“はたらき”とは，硬度，強度，消費電力などの物性や性能と呼ばれるものだけでなく，寿命，故障率，摩耗度などの使用中の信頼性に現れてくる性質や，使いやすさ，安全性，無害性なども含まれる．

2. 要求品質と品質要素，品質特性と代用特性

ある製品またはサービスの品質を論じるためには，品質を構成している個々の性質，性能に分解して論じることが広く行われている．このような操作の技術を**品質展開**といい，展開された個々の性質，性能を“**品質要素**”と呼ぶ．具体的には「機能」，「性能」，「操作性」，「安全性」，「信頼性」などがあげられる．

また，品物を作り上げている品質要素をさらに具体的に表現したもの，すなわち製品やサービスの性質の違いを示す尺度を“**品質特性**”という．

例えば，品物の「耐久性」などは“**品質要素**”であるが，それをより具体的に表現した「故障率」，「MTTF(Mean Time To Failure：故障までの平均時間)」などは“**品質特性**”である．技術や製造部門で品質が論じられるときは，品質特性が用いられるのに対して，消費者との関係で用いられるときは，品質要素レベルの用語が用いられることが多い．

“**要求品質**”とは，製品に対する要求事項の中で，品質に関するものである．市場(顧客)がこうあってほしいと求めている顕在的，潜在的品質を総称した言葉と

もいわれている．また，要求品質を展開した表と品質特性を展開した表の二元表を“品質表”という．

“**使用品質**”とは，品物を買い手のところで実際に使ったときのよさをいう．

“**官能特性**”とは，品質特性のうち，色，味，におい，肌ざわりなど人間の感覚によって判断されるものをいう．

“**代用特性**”とは，要求される品質特性を直接測定することが困難なため，その代用として用いる他の品質特性をいい，官能特性などを工場で実現できるような品質特性に置きかえたものである．

3．ねらいの品質とできばえの品質

“**ねらいの品質**”とは，お客さまの要望(要求品質)を正しくつかみ，それを実現するための能力も十分考えに入れて，このようなものを作ろうとねらった品質で，**設計品質**ともいわれる．

“**できばえの品質**”とは，ねらった品質(設計品質)をどのくらい忠実に実現できたかという点にかかわる品質で，**製造品質**，**適合の品質**，**合致の品質**ともいわれる．

“**品質目標**”とは現在の能力(技術)では実現できるかどうか疑問であるが，ある時期までに実現することが期待される品質水準で，主に研究・設計・技術などの部門に与えられるものをいう．一般的に設計品質に対して**品質目標**が設定される．

“**品質標準**”とは，現在のところ一応満足でき，すでにもっている能力(技術)で実現できる品質水準で，主として製造部門に与えられるものをいう．一般的に製造品質に対して**品質標準**が設定される．

4．当たり前品質と魅力的品質

“**当たり前品質**”とは，「それが充足されれば当たり前と受け取れるが，不充足であれば不満を引き起こす**品質要素**」をいう．

“**魅力的品質**”とは「それが充足されれば満足を与えるが，不充足であっても仕方がないと受け取られる**品質要素**」をいう．

“**一元的品質**”とは，「それが充足されれば満足，不充足であれば不満を引き起こす**品質要素**」をいう．

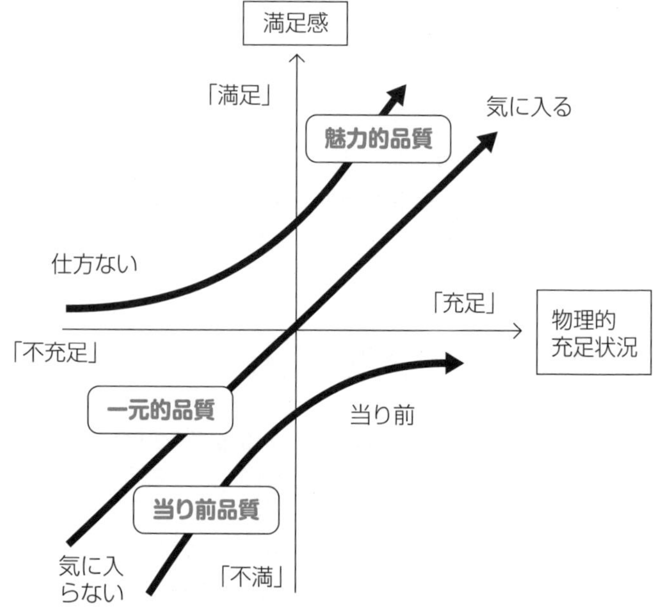

出典）狩野紀昭，瀬楽信彦，高橋文夫，辻新一：「魅力的品質と当り前品質」，『品質』，Vol.14，No.2，1984 年を一部修正

図 9.1　物理的充足状況と顧客の満足度との二元グラフ

設計者の品物に対する物理的な充足状況(例えば，パソコンの処理速度，画像の解像度)と消費者(顧客)の満足度は完全に比例するかといえば，必ずしもそうではない．物理的充足状況と顧客の満足度を 2 次元で見て，図 9.1 のような空間を設定するとさまざまなパターンの品質要素を考えることができる．

一般的に，ある品質に対する評価は，ある時代は“魅力的品質”であっても，年月が経過するにつれて，それは“一元的品質”へ，さらに，“当たり前品質”へと推移していく．例えば，20 年前のプリンタは，“当たり前品質”が「故障しない」，「画質」であり，“一元的品質”が「寿命」，「消費電力」，「稼働音」，“魅力的品質”は「コピー機能」「ADF(自動原稿送り装置)」，「軽量」，「高速度」，「印刷コスト」などであったが，「コピー機能」は現代では“一元的品質”を経て，“当たり前品質”である．

“**無関心品質要素**”とは，「充足でも不充足でも，満足を与えず不満も引き起こさない**品質要素**」をいう.

“**逆品質要素**”とは,「充足されているのに不満を引き起こしたり,不充分であるのに満足を与えたりする**品質要素**」をいう.

5. サービスの品質,仕事の品質

事務部門,販売部門の品質管理,レジャー業,輸送業,通信・情報業,エネルギー供給業,厚生福祉業の品質管理では**サービスの質も品質**と考える.

“**サービスの品質**”には「サービス提供過程の品質(サービス提供時の従業員の対応,反応,設備などの使いやすさ)」と「サービス結果の品質(好ましい変化が生じたなど)」で構成される.

製造業の品質は製品を開発・設計,調達,生産,販売,アフターサービスの各活動するときの連携から作り出される.この品質には“**製品の質**”,“**サービスの質**”とこれらを支える基盤として従業員一人ひとりの“**仕事の質**”がある.この3つが一体となったものが品質であり,これらの3つが確保されて初めて,お客様の信頼に応え得る製品となる.“**仕事の品質**”を高めるためには,各分野の従業員一人ひとりが,常に高い問題意識をもって改善に努め,各分野が綿密に連携しながら,「お客様第一」,「品質第一」を実践していかねばならない.その結果がお客様の満足度の向上につながっていく.

6. 社会的品質

“**社会的品質**”とは,「製品・サービス又はその提供プロセスが第三者のニーズを満たす程度であり、品質要素の一つ」(JSQC-Std 00-001:2018)をいう.この言葉は,製品・サービスの使用・存在が第三者に与える影響(例えば,自動車の排気ガス,建物による日照権の侵害など)と,製品・サービスの提供プロセス(例えば,調達,生産,物流,廃棄など)が第三者に与える影響(例えば,工場の廃液などによる公害,資源の浪費など)に使われる.

7. 顧客満足(CS),顧客価値

“**顧客満足**”とは,「製品またはサービスに対して,顧客が自分のもつ要望を充足していると感じている状態」をいう.

英語では **Customer Satisfaction** といわれ，**CS** と略記される．

企業にとって**顧客満足**は，顧客ニーズに合致したマーケティング活動を行っているかの評価だけでなく，それにより製品・サービスの再購買や他社競合製品・サービスへの切替えを防ぐ意味で，顧客の確保と維持に対する重要な概念になっている．

“**顧客価値**”とは，「製品・サービスを通して，顧客が認識する価値」をいう．企業が顧客に提供する顧客価値は，企業の一人よがりの製品価値だけではなく，顧客が認める，あるいは受け入れる魅力的な価値である必要がある．企業は，製品・サービスを通して，これらの顧客価値を明確にする必要がある．そのうえで，顧客価値創造のために組織がもつべき能力や活かすことができる特徴を明確にして，それらを考慮した事業成功のシナリオを策定していく必要がある．

顧客データを分析する方法には，さまざまなものが提案されている．CS ポートフォリオ分析（“顧客満足度”を縦軸に，“重要度”を横軸にして，各評価項目をプロットし，4 つの象限に分けて“重点改善項目”などを把握する手法），多変量解析，決定木分析（Decision Tree：“決定木”と呼ばれる樹木状のモデルを使って，何らかの結果が記録されたデータセットを分類していく手法）などを用いた分析が行われている．

これができれば合格！

- ねらいの品質（設計品質）とできばえの品質（製造品質の理解）
- 当たり前品質と一元的品質と魅力的品質の理解
- 品質要素と品質特性と代用特性の理解

第10章

管理の方法

職場ではいろいろなトラブルが発生している．トラブルを起こさないためには，管理が重要である．管理には，維持の活動と改善の活動がある．

本章では，“ 管理の方法 ”について学び，下記のことができるようにしておいてほしい．

- 品質管理での管理，維持，改善の意味の説明
- PDCA，SDCA，PDCAS の意味の説明
- 継続的改善の意味の説明
- 問題と課題の意味の説明
- 問題解決型 QC ストーリーについて，その手順と用いる手法の説明
- 課題達成型 QC ストーリーについて，その手順と用いる手法の説明

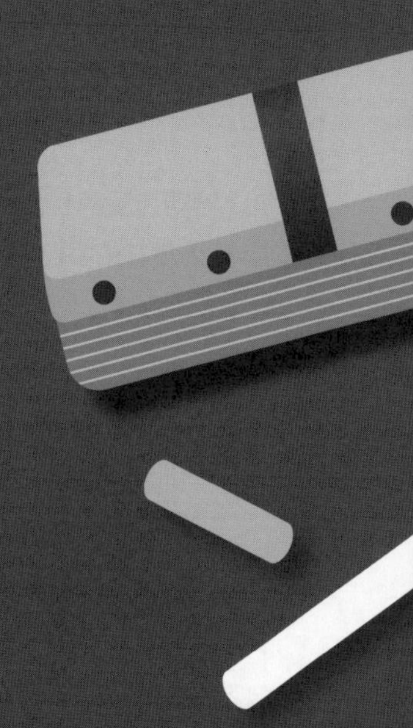

10-01 管理とPDCA

重要度 ●●●
難易度 ■□□

1．維持と管理

“管理”という言葉は，いろいろなことに用いられている．品質管理，原価管理，人事管理などの他，管理職という言葉もある．

> “**管理**”とは，「ある目的(仕事)を継続的に，かつ効果的，効率的に達成するためのすべての活動のこと」である．

JIS Z 8141：2022「生産管理用語」では，“管理”とは，「経営目的に沿って，人，物，金，情報など様々な資源を最適に計画し，運用し，統制する手続及びその活動」としている．

> 管理という言葉には，「**維持の活動**」と「**改善の活動**」の両方の意味が含まれる．

“**維持活動**”（狭義の管理)とは，「仕事のできばえを望ましい状態に安定させ維持していく活動」で，現状維持の活動を主体とするものである．

“**現状維持の活動**”とは，「今までうまくできていたものに異常が発生したり，レベルが下がったものに対しその原因を追究し，それを除去して，元のレベルに戻す活動」である．

“**改善活動**”とは，「現状での仕事における問題点を発見し，よりよい仕事の状態を生み出す活動」のことをいう．また「現在の品質をよりよくしたり，原価を下げたり、納期を短縮したりするために，仕事の間違いを減らしたり，他部門(特に後工程)の人たちに喜んでもらえるよう，仕事のやり方を変えたりすること」をいう．

管理の基本は，**PDCA** のサイクルを確実に回すことである．

> “**PDCA**”とは，「品質改善や業務改善活動などで広く活用されているマネジメント手法のひとつであり，計画(**P**)，実施(**D**)，確認(**C**)，処置(**A**)のプロセスを順に繰り返し，実施していくこと」である．

2. PDCA・SDCA のサイクル

“**PDCA のサイクル**”は，“**管理のサイクル**”ともいい，効果的に効率よく目的を達成するためには，次の４つの手順を回していくことが大切だということである(図 10.1).

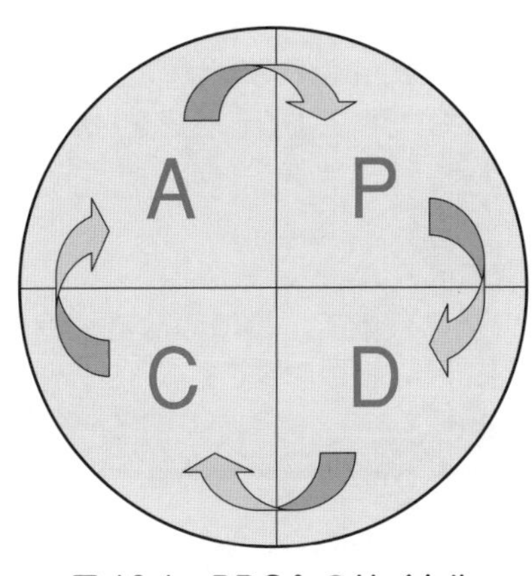

図 10.1　PDCA のサイクル

“**PDCA**”とは，

計画：**P(Plan)**

目的，管理項目，管理水準，そして実行手順(作業標準)などを決める.

実行：**D(Do)**

教育訓練を行う．手順どおりに実行する.

確認：**C(Check)**

実施の結果を調査し，管理水準は達成されたか，他に不具合を与えていないかを評価・確認する.

処置：**A(Act)**

評価の結果が計画と比べて差があれば，応急対策と再発防止策を区別して必要な処置をする(作業標準類の改訂など).

維持に当たっては，定められた仕事の標準に従って，**SDCA** のサイクルを回すことが重要である.

“**SDCA**”とは，

標準：**S(Standard)**

日常の仕事を定められた標準に従って，

実施：**D(Do)**

標準どおりに実施する．

確認：**C(Check)**

その結果を確認して，結果がよければ現状の仕事のやり方を継続していく．結果が望ましくない場合は，標準どおりに仕事をしたのか，または他に何か問題がないのかなど確認する．

処置：**A(Act)**

適切な処置をとる．

また，処置：Act の後の段階で，標準の改訂や追加など新たな**標準化**(**Standardization**)を行うことが重要であり，この場合には“**PDCAS**”ということがある(図 10.2)．

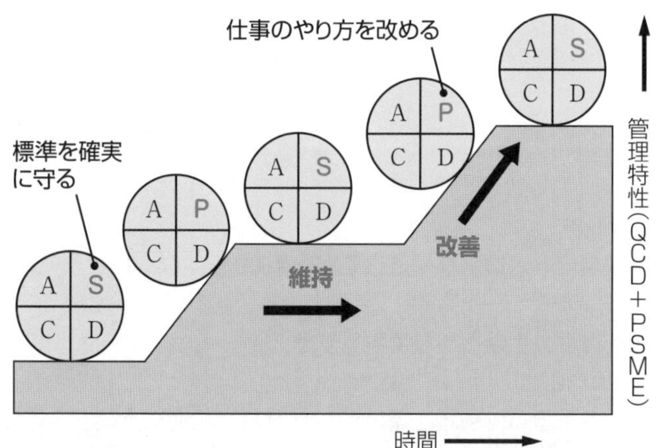

図 10.2　PDCA・SDCA のサイクルの関係

10-02 改善と QC ストーリー

重要度 ●●●
難易度 ■■□

1. 継続的改善

“**継続的改善**”とは，「問題又は課題を特定し，問題解決又は課題達成を繰り返し行う改善」(JIS Q 9024：2003)である．また，JIS Q 9000：2015 では，「パフォーマンスを向上するために繰り返し行われる活動」と定義されている．

私たちが直面する問題や課題に対して，一度限りではなく，PDCA や SDCA のサイクルを回すことによって，繰り返し「問題解決」や「課題達成」を行うことが重要である．

2. 問題と課題

私たちは，さまざまな場面で，「問題」を抱えている．また「課題」が与えられるなどということもある．

品質管理では，“問題”と“課題”について，図 10.3 のように定義している．

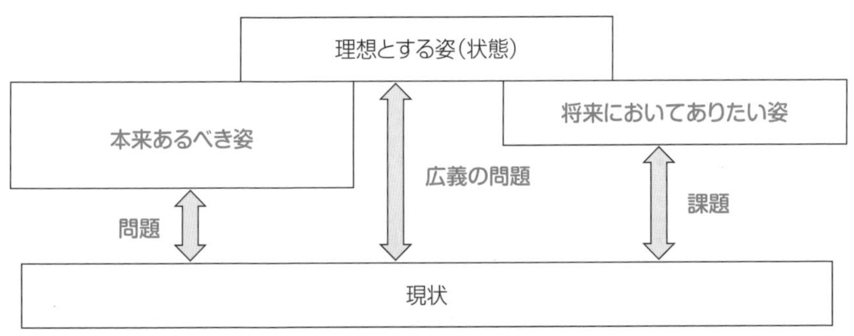

図 10.3 問題と課題

理想とする姿(状態)と現状との差を“広義の問題”といい，その中で，理想とする姿が本来あるべき姿の場合を“**(狭義の)問題**”，将来においてありたい姿の場合を“**課題**”としている．

一般に，「問題を解決する」といい，「課題を達成する」という．そのための活動をそれぞれ，“**問題解決型ＱＣストーリー**”，“**課題達成型ＱＣストーリー**”と呼び活動の進め方が少し異なる．

問題解決とは，「問題に対して，原因を特定し，対策し，確認し，所要の処置を取る活動」である．なぜ問題が発生するのかという要因の解析が不可欠であり，どのように防止できるのかという対策が鍵となる．悪さを把握し原因を追究して，悪さの再発を防止する．すなわち，現状のシステムを前提として，再発防止を図る．

これに対して，**課題達成**とは，「課題に対して，努力，技能をもって達成する活動」である．現状の状態は予定どおりの成果が出ているが，さらに高いレベルを目指そうという活動である．何を目指すべきなのか，どのように実現するのかというシナリオが鍵を握っている．課題を設定しシナリオを作成して，課題を実現する．すなわち，新規システムの構築を視野に入れ，現状打破を行ってステップアップを図る．

問題解決と課題達成のテーマの例を表 10.1 に，問題解決型と課題達成型の手順の比較を表 10.2 に示す．

2 つの QC ストーリーが大きく異なるのは，手順 2 ～手順 5 である．

表 10.1　問題解決と課題達成のテーマ

分類	テーマの例
問題解決	• A 製品の不適合品率の削減 • B 工程の収率の向上 • 電力消費量の削減 • C 社向け製品の納期遅れの改善 • チョコ停の削減
課題達成	• 新製品 D の新規顧客開拓 • 納期半減のための新規プロセス開発 • 業界初の新規サービスの開発 • 倉庫の完全無人化 • 最高強度素材の開発

表 10.2　問題解決型の手順と課題達成型の手順

手順	問題解決型	課題達成型
1	テーマの選定	テーマの選定
2	**現状の把握と目標の設定**	**攻め所の明確化と目標の設定**
3	**活動計画の作成**	**方策の立案**
4	**要因の解析**	**成功シナリオの追究**
5	**対策の検討と実施**	**成功シナリオの実施**
6	効果の確認	効果の確認
7	標準化と管理の定着	標準化と管理の定着
8	反省と今後の対応	反省と今後の対応

手順 2 において，問題解決型 QC ストーリーではすでに存在している問題を把握することが不可欠であり，課題達成型 QC ストーリーでは明確になっていない課題を明確に設定する必要がある．

手順 3，4 においては，問題解決型では問題を解決するために**要因解析**を行い，原因を追究するが，課題達成型では課題達成のための方策（手立て，手段）を立案し，最適策（**成功シナリオ**）を設計することが重要である．この設計においては，実施上の問題や障害を取り除くことまで慎重に検討するため，「**成功シナリオの追究**」と呼ばれている．

また，手順 5 において，問題解決型では真の原因に対する**対策の検討と実施**が必要であるが，課題達成型では課題達成のための方策に対する最適策（**成功シナリオ**）の実施が必要となる．

3. 問題解決型QCストーリー

QC ストーリーは，もともと QC サークル活動の活動報告発表のシナリオとして考えられた．発表を聞く人にとってわかりやすいものであり，また，これを活用して問題解決を行うと効果が上がることから，標準的な手順として広く使われるようになっていった．

問題解決型 QC ストーリーの標準的な手順と実施事項，有効な QC 手法を表 10.3 にまとめる．

問題解決型 QC ストーリーは，日々の問題から経営的な問題まで幅広い場面で適用することができる．**要因の解析**が重要なステップであり，**事実（データ）**をもとに **QC 七つ道具**を有効に使うことが求められる．

表 10.3　問題解決型 QC ストーリーの標準的な手順

手順	基本ステップ	実施事項	有効な QC 手法
1	テーマの選定	• 問題をつかむ • テーマを決める	**マトリックス図法**，ブレーンストーミング，パレート図
2	**現状の把握と目標の設定**	**現状**の把握 • 事実を集める • 攻撃対象（管理特性）を決める **目標**の設定 • **目標**（**目標値**と**期限**）を決める	**パレート図**，チェックシート，散布図，層別，ヒストグラム，グラフ
3	**活動計画の作成**	• 実施事項を決める • 日程，役割分担などを決める	**ガントチャート**，アローダイアグラム法
4	**要因の解析**	• **管理特性**の現状を調べる • **要因**を挙げる • **要因**を解析する • 対策項目を決める	**特性要因図**，系統図法，連関図法，ヒストグラム，グラフ，散布図，層別，管理図、チェックシート
5	**対策の検討と実施**	**対策**の検討 • **対策**のアイデアを出す • **対策**の具体化を検討する • **対策**内容を確認する **対策の実施** • **実施方法**を検討する • **対策**を実施する • **変更管理**を検討・実施する	**系統図法**，親和図法，マトリックス図法，アローダイアグラム法，PDPC 法
6	**効果の確認**	• 対策結果を確認する • **目標値**と比較する • 成果（有形・無形）をつかむ	グラフ，管理図，チェックシート，パレート図，ヒストグラム
7	標準化と管理の定着	標準化 • 標準を制定・改訂する • 管理の方法を決める 管理の定着 • 関係者に周知徹底する • 担当者を教育する • 維持されていることを確認する	チェックシート，管理図，グラフ，ヒストグラム
8	反省と今後の対応	今までの活動の反省 • 解決された程度，未解決の部分を把握する • 活動プロセスの反省 今後の対応 • 今後解決すべき問題の明確化	

4. 課題達成型QCストーリー

課題達成型 QC ストーリーの標準的な手順と実施事項，有効な QC 手法を表 10.4 にまとめる．

課題達成では，今までに経験のない仕事を扱うことも多く，成功のためには創造的思考による新たなシナリオをどう構築するのか，**成功シナリオの追究**と**成功シナリオの実施**が重要である．そのためには，**新 QC 七つ道具**を主とした手法が有効である．

表 10.4　課題達成型 QC ストーリーの標準的な手順

手順	基本ステップ	実施事項	有効な QC 手法
1	テーマの選定	• 問題・課題の洗い出し • 問題・課題の絞込み • 改善手順の選択 • テーマ選定理由の明確化	**マトリックス図法**，ブレーンストーミング，パレート図，親和図法
2	**攻め所の明確化と目標の設定**	• **攻め所**の明確化 • **目標**の設定 • 全体活動計画の作成	層別，パレート図，マトリックス図法，チェックシート，ガントチャート，アローダイアグラム法
3	**方策の立案**	• **方策案**の列挙 • **方策案**の絞り込み	ブレーンストーミング，系統図法，連関図法
4	**成功シナリオの追究**	• **シナリオ**の検討 • **期待効果**の予測 • **障害**・**副作用**の予測と排除 • **成功シナリオ**の選定	**PDPC 法**，系統図法，マトリックス図法
5	**成功シナリオの実施**	• 実行計画の作成 • **成功シナリオ**の実施	**ガントチャート**，アローダイアグラム法
6	**効果の確認**	• **有形効果**の把握 • **無形効果**の把握	グラフ，管理図，チェックシート，パレート図，ヒストグラム
7	標準化と管理の定着	• 標準化 • 周知徹底 • 管理の定着	チェックシート，管理図，グラフ，ヒストグラム
8	反省と今後の対応	今までの活動の反省 • 達成された程度，未達成の部分を把握する • 活動プロセスの反省 今後の対応 • 今後の課題の明確化	

これができれば合格！

- 管理，維持，改善の意味の理解
- PDCA，SDCA，PDCAS の意味と違いの理解
- 問題と課題の意味の理解
- 問題解決型 QC ストーリーの手順とステップごとに有効な QC 手法の理解
- 課題達成型 QC ストーリーの手順とステップごとに有効な QC 手法の理解

第11章

品質保証

顧客に品質を保証するためには，組織が体系的活動を行うことが求められる．

本章では，“品質保証”の要点を学び，下記のことができるようにしておいてほしい．

- 新製品開発に関わる，品質保証，品質保証体系図，品質機能展開，DR，FMEA，FTA，保証の網，製品ライフサイクル全体での品質保証，製品安全，環境配慮，製造物責任，市場トラブル対応，苦情とその処理の説明
- プロセス保証に関わる，作業標準書，プロセスの考え方，QC 工程図，工程異常の発見・処置，工程能力調査，工程解析，検査，計測，測定誤差，官能検査，感性品質の説明

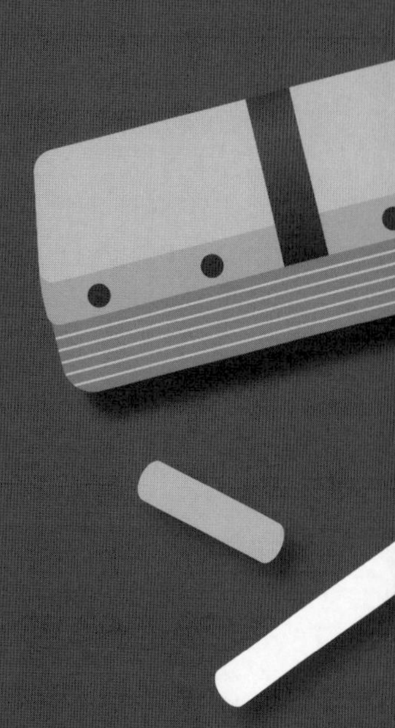

11-01 品質保証と新製品開発

重要度 ●●●
難易度 ■■□

1．品質保証

“**品質保証(Quality Assurance：QA)**”とは，「顧客・社会のニーズを満たすことを確実にし，確認し，実証するために，組織が行う体系的活動」(JSQC-Std 00-001：2018)である．

JIS Q 9000：2015では，「品質要求事項が満たされるという確信を与えることに焦点を合わせた品質マネジメントの一部」と定義している．日本流の“品質保証”とJIS Q 9000などで定義されている欧米流の“quality assurance”とは同義語ではない．日本流の“品質保証”のほうが概念が広く，顧客・社会のニーズを満たすことを“確実にする”，“確認する”，“実証する”ための活動すべてが含まれる．

“**保証**”とは「大丈夫だ，確かだと請け合うこと」であるので，品質保証とは，お客様が商品・サービスを使用するときに安心感をもたせるために組織が行う活動と言える．本章では，品質保証について，新製品開発とプロセス保証という観点で説明する．

“**新製品開発**”とは，「新製品を開発する活動で，そのシステムは企業におけるマネジメントシステムの一つとして確立される」といわれている．

製品は，いくつもの加工や組立段階を経て製品になる．これらの段階を，品質管理では**工程**(**プロセス**)と呼ぶ．QC的ものの見方・考え方の一つである「品質は工程で作り込む」を行うためには，仕事の結果の保証としての検査だけでは十分ではない．途中のプロセス(工程)，すなわち仕事のやり方に着目して，プロセスを管理し，向上させていく必要がある．これが“**プロセスによる保証**”である．

“保証”と“補償”の意味は異なる．“**補償**”とは「欠陥による被害を償(つぐな)うこと」であり，問題発生後の金銭的な事後処理などである．一方，“**保証**”は，お客様に「大丈夫だと請け合う」ことで，問題発生の前に重点が置かれているといえる．**製造物責任法**(**PL法**，1995年施行)は，**保証**ではなく**補償**に関する法律である．

2. 品質保証体系図

“**品質保証体系図**”とは,「製品の設計・開発から製造, 検査, 出荷, 販売, アフターサービス, クレーム処理などに至るまでの各ステップにおける品質保証に関する業務を各部門に割りふったもので, 通常, フローチャートとして示されるもの」である.

この体系図の書き方は業務フロー図と同じ要領であり, 個別の業務フロー図を全社的な品質保証活動全般に広げたものが“**品質保証体系図**”である. 図 11.1 に品質保証体系図の概要の例を示す.

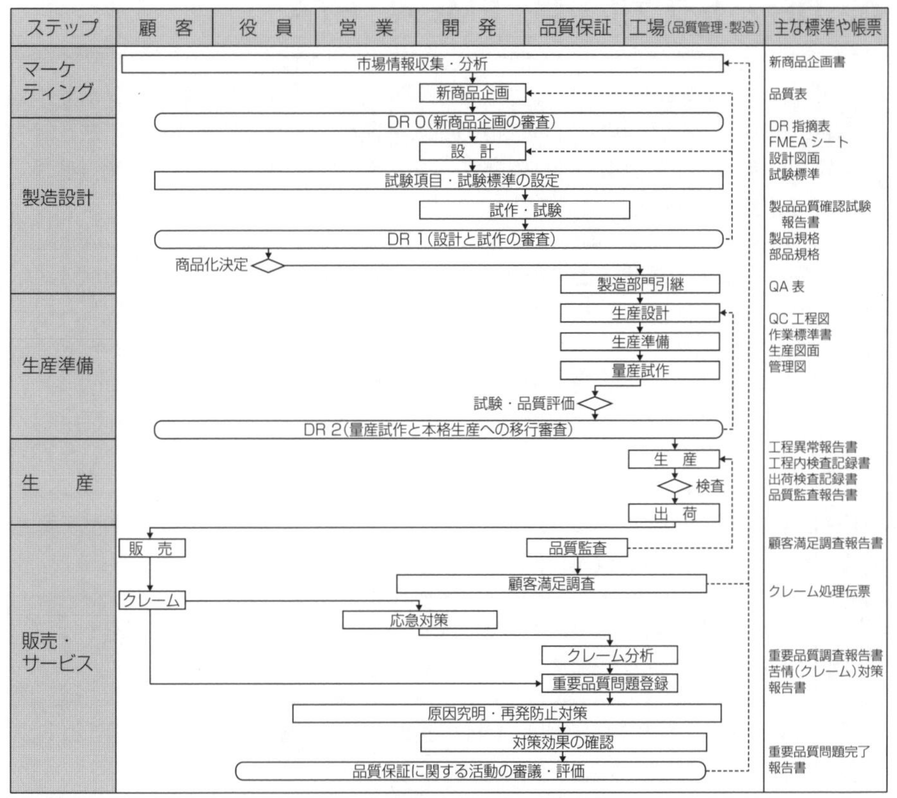

図 11.1 品質保証体系図の概要

3. 品質機能展開

“**品質機能展開**(**Quality Function Deployment**：QFD)”とは，「製品に対する品質目標を実現するために，様々な変換及び展開を用いる方法論．QFD と略記することがある」(JIS Q 9025：2003)である．

“**品質機能展開**”をするために，製品に対する顧客の要求を把握し，これを実現するために設計品質を定め，製品を構成する部品の品質および製造工程の管理項目の一連の関係を二元表により情報整理を行う．また，縦軸に「要求品質展開表」，横軸に「品質特性展開表」を対応させた二元表を“品質表”という．

4. DR とトラブル予測，FMEA，FTA

“**DR**(**デザインレビュー**)”とは，**設計審査**と訳され，「設計にインプットすべきユーザーニーズや設計仕様などの要求事項が設計のアウトプットにもれなく織り込まれ，品質目標を達成することができるかどうかについて，関係者が審議すること」をいう．

過去のトラブルの**再発防止**や**未然防止**を含めた“**トラブル予測**”は大切であり，これらに対して DR は有効である．

“**FMEA**(**故障モードと影響解析**：Failure Modes and Effects Analysis)”とは，「製品を構成する部品から，製品やシステム全体の影響を評価する手法」である．

FMEA は，各部品のアイテム名，故障モード，故障の影響や故障の原因を考える表を作成して積み上げていくボトムアップ的な解析手法である．

“**FTA**(**故障の木解析**：Fault Tree Analysis)”とは，「特定の故障をトップ事象として，その原因を追究する手法」である．

FTA は，トップ事象から AND，OR の論理記号で事象を樹形状に展開するトップダウン的な解析手法である．

5. 品質保証のプロセス，保証の網(QA ネットワーク)

“**品質保証**のプロセス”は，①市場調査，製品開発，製品企画，②製品設計，③生産準備，④生産・検査，⑤販売・サービス，⑥その他の各ステップで構成される.

①～⑥までの各ステップで関係する用語は，以下のようになる.

① 品質機能展開
② DR とトラブル予測，FMEA，FTA
③ 保証の網(QA ネットワーク)，QC 工程図
④ QC 工程図，保証の網(QA ネットワーク)，作業標準書，検査，工程能力調査
⑤ 市場トラブル対応，苦情とその処理
⑥ 品質保証体系図，製品安全，環境配慮，製造物責任，製品ライフサイクル全体での品質保証

“**保証の網**(QA ネットワーク)”とは，「不具合・誤りと工程(プロセス)の二元的な対応において，どの工程で発生防止と流出防止を実施するのかをまとめた図」である.

QA ネットワーク図では，縦軸に不具合・誤りを，横軸に工程をとってマトリックスを作り，表中の対応する箇所には，発生防止と流出防止の観点からどのような発生防止・流出防止対策がとられているか，またそれらの有効性などを記入する．また，それぞれの不具合・誤り項目ごとに，重要度，目標とする保証水準，マトリックスより求めた保証ランクを記述することで，品質保証のプロセスを可視化する.

6. 製品ライフサイクル全体での品質保証

品質保証の考え方は，今日，保証の対象の品質の意味が拡大し，特に製品の時間的な経過を含んだ品質として信頼性が重視されるようになってきた．耐久消費財という名前が示すように，消費者が期待する期間，故障しないで稼働するという信頼性が要求されている．これは販売時だけではなく，長期間の使用時にも，最終的に製品廃棄までの品質保証が要求されるようになっている．これが“**製品ライフサイクル全体での品質保証**”である．これは環境負荷とその影響を定量的に評価するライフサイクルアセスメントの考え方につながっている.

7．製品安全，環境配慮，製造物責任

“**製品安全**”とは，「顧客が製品を使用する際の安全を保証するために，安全な製品を作りこむこと」をいう．

“**製品安全**”の活動として，商品企画，製品設計，製造，販売，使用，修理・保全（サービス），廃棄処理のすべての活動において，危険性の予見と回避または排除，安全性確保のための表示，安全性に関する記録の管理などによって，製品の安全性を確保しなければならない．

また，**製品安全4法**というものがあり，これは**消費生活用製品安全法**，**電気用品安全法**，**ガス事業法**，**液化石油ガスの保安の確保及び取引の適正化に関する法律**の４つの製品安全法の総称である．

“**環境配慮**”は，製品に対して，世界的な環境保全に対する意識の高まりから考えられるようになったもので，製品の規格（仕様）やそれらの試験・評価方法などの規格についても，環境配慮が要求されている．

“**製造物責任（Product Liability**：PL）”とは，「ある製品の欠陥が原因で生じた人的・物的責任に対して製造業者が負うべき賠償責任」のことである．

1995年７月から“**製造物責任法（PL法**）”が施行され，製造業者の賠償責任が法的に追及されるようになった．**PL法**は，「製造物の欠陥により人の生命，身体又は財産に係わる被害が生じた場合における製造業者等の損害賠償の責任について定めることにより，被害者の保護を図ること」（第１条）を目的としている．また**無過失責任**は，損害の発生したときに対象となる相手について，加害者側の過失の有無にかかわらず損害賠償責任を負わせることをいう．

8．市場トラブル対応，苦情とその処理

市場に出た製品の品質に対して顧客から苦情などが提示されることがあるが，この“市場トラブル対応”にどのように取り組むかは，企業（生産者）にとって大変重要である．“**苦情**”とは，「製品若しくはサービス又は苦情対応プロセスに関して，組織に対する不満足の表現であって，その対応又は解決を，明示的又は暗示的に期待しているもの」（JIS Q 10002：2019）である．

この定義をベースにして，“**苦情**(complaint)”のうちで，修理，取替え，値引き，解約，損害賠償などの請求があるものを“**クレーム**(claim)”といって区別する場合もあるが，“**苦情**”は顧客満足に関係する重要な情報といえる．

11-01 品質保証と新製品開発

11-02 プロセス保証

重要度 ●●●
難易度 ■■■

1. 作業標準書

品質保証は，品質は"**プロセス保証**"していくという考え方に基づいて，プロセスアプローチが品質保証の中心的な役割を担っている．図 11.2 のように①で顧客ニーズを把握し，②のプロセス(製品・サービス実現プロセス)にインプットする．次に②のプロセスで製品・サービスがつくり込まれ，③のアウトプットとして，製品・サービスを顧客に提供することを示す．"**プロセスアプローチ**"は ISO 9001：2015 においても明記されており，組織がどのように自らの品質マネジメントシステムのプロセスを構築し，管理できるかが重要である．

① **インプット**
(顧客ニーズの把握)
→
② **プロセス**
(製品・サービス実現プロセス)
→
③ **アウトプット**
(製品・サービス，顧客)

図 11.2 顧客ニーズの把握と製品化プロセス

> "**作業標準**"とは，JIS Z 8002：2006 によれば，「作業の目的，作業条件(使用材料，設備・器具，作業環境など)，作業方法(安全の確保を含む)，作業結果の確認方法(品質，数量の自己点検など)などを示した標準」である．

図 11.3 に作業標準書の例を示す．作業手順書，作業指図書，作業要領書，作業指導書などとも呼ばれる．作業の標準化により，品質の安定，仕損の防止，能率の向上，作業の安全化を図ることができる．

2. プロセス（工程）の考え方

> "**プロセス(工程)**"とは，「インプットをアウトプットに変換する，相互に関連する又相互に作用する一連の活動」である．

プロセスについては，以下の①～⑤の点を考える必要がある．

① 何らかのインプットを受け，ある価値を付与しアウトプットを生成する．

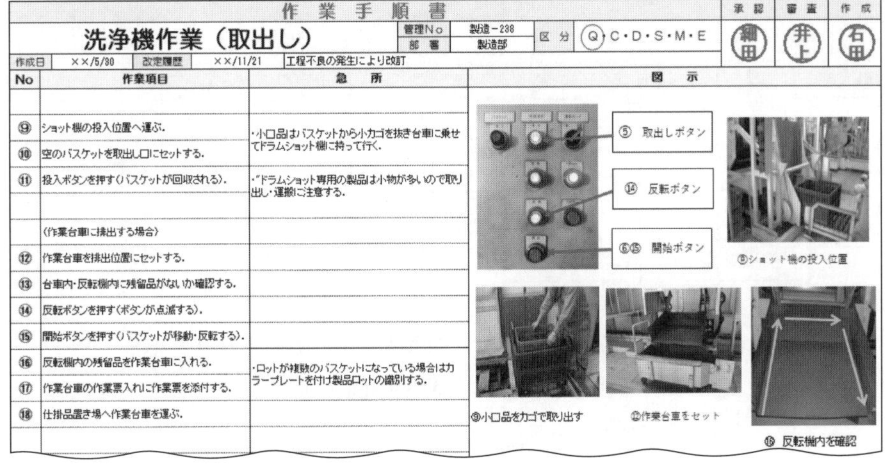

作 業 手 順 書

洗浄機作業（取出し）

管理No	製造－238	区分	Q・C・D・S・M・E	承認	審査	作成
部署	製造部			細田	井上	石田

作成日	××/5/30	改定履歴	××/11/21	工程不良の発生により改訂

No	作業項目	急所
⑨	ショット機の投入位置へ運ぶ．	・小口品はバスケットから小カゴを抜き台車に乗せてドラムショット機に持って行く．
⑩	空のバスケットを取出し口にセットする．	
⑪	投入ボタンを押す（バスケットが回収される）．	・"ドラムショット専用の製品は小物が多いので取り出し・運搬に注意する．
	〈作業台車に排出する場合〉	
⑫	作業台車を排出位置にセットする．	
⑬	台車内・反転機内に残留品がないか確認する．	
⑭	反転ボタンを押す（ボタンが点滅する）．	
⑮	開始ボタンを押す（バスケットが移動・反転する）．	
⑯	反転機内の残留品を作業台車に入れる．	・ロットが複数のバスケットになっている場合はカラープレートを付け製品ロットの識別する．
⑰	作業台車の作業票入れに作業票を添付する．	
⑱	仕掛品置き場へ作業台車を運ぶ．	

図示

図 11.3　作業標準書（洗浄機作業，一部抜粋）

② インプットは，アウトプットのもとになる材料，情報，エネルギーなどがあり，他のプロセスからのアウトプットの場合がある．

③ 人，設備，技術，ノウハウ，資金などの経営資源を活用して行われる．

④ 活動状況の監視・測定を行う．

⑤ 相互に関連するまたは相互に作用する活動とは，特定の目的を達成するうえで，役割をもった，ひとまとまりの行為である．

3. QC 工程図，フローチャート

> "**QC 工程図**" とは，「一つの製品について，部品材料の供給から完成品として出荷されるまでの工程を**フローチャート**で示し，この工程の流れにそって，誰が，いつ，どこで，何を，どのように管理したらよいかを定めたもの．つまり，各工程での管理項目と管理方法を明らかにしたもの」である．

QC 工程図は，QC 工程表，管理工程図，工程品質保証項一目覧表ともいう．QC 工程図の例を図 11.4 に示す．

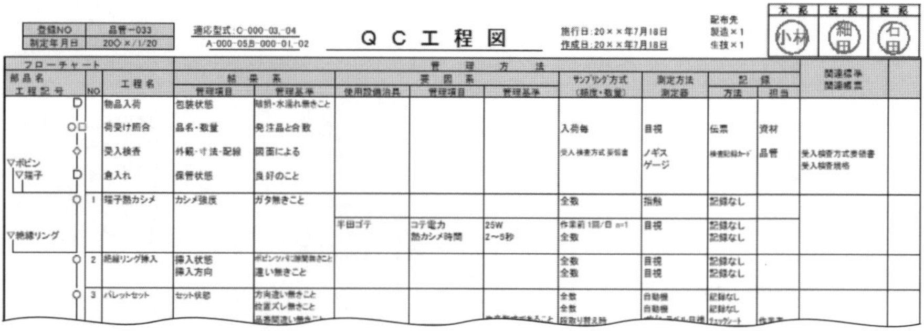

登録NO	品管−033
制定年月日	20◇×/1/20

適応型式：C-000-03,-04　A-000-05,B-000-01,-02

Q C 工 程 図

施行日：20××年7月18日
作成日：20××年7月18日

配布先　製造×1　生技×1

承認	検認	検認
小林	細田	石田

フローチャート			管理方法										
部品名 工程記号	NO	工程名	結果系		要因系			サンプリング方式（頻度・数量）	測定方法 測定器	記録		関連標準 関連帳票	
			管理項目	管理基準	使用設備治具	管理項目	管理基準			方法	担当		
▽ボビン ▽端子		物品入荷	包装状態	破損・水漏れ無きこと									
		荷受け照合	品名・数量	発注品と合致				入荷毎	目視	伝票	資材		
		受入検査	外観・寸法・記録	図面による				受入検査方式 要領書	ノギス ゲージ	検査記録カード	品管	受入検査方式要領書 受入検査規格	
		倉入れ	保管状態	良好のこと									
▽絶縁リング	1	端子熱カシメ	カシメ強度	ガタ無きこと				全数	指触	記録なし			
					半田ゴテ	コテ電力 熱カシメ時間	25W 2〜5秒	作業前 1回/日 n=1 全数	目視	記録なし 記録なし			
	2	絶縁リング挿入	挿入状態 挿入方向	ボビンツバに隙間無きこと 違い無きこと				全数 全数	目視 目視	記録なし 記録なし			
	3	パレットセット	セット状態	方向違い無きこと 位置ズレ無きこと				全数 全数	自動機 自動機	記録なし 記録なし			

出典）　細谷克也編著：『見て 即実践！事例でわかる標準化』，日科技連出版社，pp.98-99，2012 年

図 11.4　QC 工程図の例（一部）

4. 工程異常の考え方とその発見・処置

“**工程異常**”とは，「工程が管理状態でないこと」であり，工程が見逃せない原因によって，定常状態でなくなることをいう．

製品の特性が規格に合致していない“**不適合（不良）**”と工程異常とは，明確に区別しなければならない．

工程異常の検出に際しては，その対応を迅速・確実に行う必要があるので，工程異常報告書を発行するのがよい．この工程異常報告書には，一般に以下のような項目を記入する．

①異常発生状況，②原因調査，③応急処置，④再発防止処置，⑤再発防止処置の効果の確認，⑥関連標準類の改訂記録，⑦担当者，⑧確認者．

また，原因究明に際しては，QC 工程図や作業標準書も活用し，それらの順守状況も確認し必要に応じてそれらの改訂も行う．

5. 工程能力調査，工程解析

“**工程能力**”とは，「工程のもつ品質に関する能力」のことである．製品の品質を管理し改善するため，その製品を製造する工程の実態をよく知る必要がある．工程が安定状態であるのか，製品の品質がその規格値に対して満足できる状態なのかなど，工程のもつ質的な能力の把握が重要である．

“**工程能力調査**”とは，工程から製品をサンプリングして品質特性を計測し，工程能力を推定することである．この工程能力を把握する方法として，工程のばらつきの大きさと製品規格の幅に対する関係を表す**工程能力指数** C_p が用いられる．

工程から得られたデータをもとにして，工程における特性と要因の関係を明らかにする活動を“**工程解析**”といい，統計的な方法を用いることが多い．この工程解析に基づき工程の維持や改善を図る．工程能力指数については第 6 章参照．

6. 検査の目的・意義・考え方（適合・不適合）

“**検査**”とは，「適切な測定，試験，又はゲージ合せを伴った観測及び判定による適合性評価」(JIS Z 8101-2 : 2015)である．

以前は良品／不良品という呼び方をしていたが，JIS では**適合品**／**不適合品**という呼び方を使用している．

“**検査**”には，個々の品物またはサービスに対して行うものと，品物またはサービスをいくつかのまとまり(ロット)に対して行うものがある．品物一つひとつに対しては，**適合品**(**適合サービス**)／**不適合品**(**不適合サービス**)を判定し，ロットに対しては，合格／不合格の判定を行う．

もう一つは，“**検査**”で得られた製品・サービスの品質に関する情報を伝達し，前工程で再発防止や未然防止を行う．

7. 検査の種類と方法

“検査”の行われる**段階**による分類として，**受入検査**，**工程内検査**(**工程間検査**，**中間検査**)，**最終検査**，**出荷検査**，**自主検査**がある．

受入検査(**購入検査**)は，品物(材料・半製品)を受け入れる段階で，一定の基準に基づいて受入の可否を判定する検査である．

工程内検査(**工程間検査**，**中間検査**)は，工場内において，半製品をある工程から次工程に移動してもよいかどうかを判定する検査である．

最終検査とは，できあがった品物が，製品として要求事項を満足しているかどうかを判定するために行う検査．完成品検査，製品検査ともいう．

出荷検査とは，製品を出荷する際に行う検査であり，最終検査を終了後に直ちに製品が出荷される場合には，最終検査は出荷検査となる．

自主検査とは，自分たちで製造した製品について自主的に行う検査である．

“検査”の方法による分類として，**全数検査**，**抜取検査**，**間接検査**，**無試験検査**がある．

全数検査とは，検査に提供された品物全数について検査を行うことである．

抜取検査とは，ロットからあらかじめ定められた抜取検査方式に従って，サンプルを抜き取って試験し，その結果をロットの合格判定基準と比較して，そのロットの合格・不合格を判定する検査である．**抜取検査方式**には，ロットからランダムに抜き取る**サンプルの大きさ**(n)と，**合格判定個数**(c)(ロットを合格と判定する不適合数の最大値)の組合せがある．

間接検査とは，購入検査において，供給者が行った検査結果を必要に応じて確認することで，購入者の試験を省略する検査である．

無試験検査とは，品質情報・技術情報に基づいて，サンプルの試験を省略する検査である．

“検査”の性質による分類では，**破壊検査**と**非破壊検査**がある．

破壊検査とは，破壊試験を伴う検査である．一方，**非破壊検査**とは，検査する対象物を破壊せずに行う検査である．

8. 計測の基本と管理

“**計測**”とは，「特定の目的を持って，事物を量的にとらえるための方法・手段を考及し，実施し，その結果を用い初期の目的を達成させること」である．

“**計量**”とは，「公的に取り決めた測定標準を基礎とする計測」である．

“**計測器**”とは，「計器，測定器，標準器などの総称」である．

“**計測管理**”とは，「計測活動の体系を管理すること」である．

計測には必ず誤差が伴う．その大きさや性質は計測方法によって大きく異なるので，それぞれの目的にあった計測方法を選択するとともに，計測技術を向上していかなければならない．また，計測に使用する機器(計測器)は時間の経過とともに劣化・変化するので，変化の大きさを評価しそれを予防して必要なレベルを確保しなければならない．このような必要性から 計測の管理が求められる．計測の管理には，計測器と計測作業の管理がある．

“**計測器管理**”とは，「生産活動またはサービスの提供に必要な計測器の計画，設計・製作，調達から使用，保全を経て廃却・再利用に至るまで，計測器を効果的に活用するための管理」のことである．

“**計測作業の管理**”としては，作業の手順書を策定し，教育訓練をし，その結果をフォローする必要がある．

9. 測定誤差の評価

同じ工程で製造した**工程**(**母集団**)からのサンプルであってもばらつきをもっている．このばらつきの原因はいろいろと考えられる．たとえば，重さの場合，とったサンプルの違いで，重さは変わってくる．これを**サンプリング誤差**という．また**測定**には必ず**誤差**が伴う．同じサンプルでも測定を繰り返せば異なった値が出てくる．測定器や測定者が変わる場合にも違いが出てくる．これを測定誤差という．このことから測定して得るデータは，サンプリング誤差と測定誤差を伴うので，

(**測定値**)＝(**真の値**)＋(**誤差**)，あるいは，

(**測定値**)＝(**真の値**)＋(**サンプリング誤差**)＋(**測定誤差**)

と表現することができる．誤差を詳しく図示すると，図 11.5 のようになる．

測定誤差に関する用語の意味は，旧 JIS Z 8103：2000 では以下のように定義されている．

真の値は，ある特定の量の定義と合致する値．特別な場合を除き，観念的な値で，実際には求められない．

誤差は，(測定値)－(真の値)で，**偏差**は，(測定値)－(母平均)で，**残差**は，(測

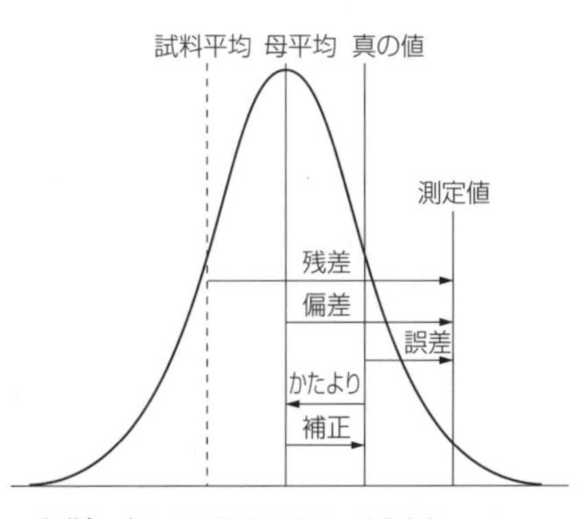

出典） 旧 JIS Z 8103：2000

図 11.5 計測の誤差の位置付け

定値)−(試料平均)で，**かたより**は，(母平均)−(真の値)である．

ばらつきは，測定値の大きさがそろっていないこと．また，不揃いの程度．ばらつきの大きさを表わすには，例えば，標準偏差を用いる．

正確さは，かたよりの小さい程度である．

精密さ，**精密度**は，ばらつきの小さい程度であり，JIS Z 8101-2：2015では精度，精密度，精確さと呼んでいる．

精度は，測定結果の正確さと精密さを含めた，測定量の真の値との一致の度合いであり，JIS Z 8101-2：2015では精確さの総合精度と呼んでいる．

再現性は，測定条件を変更して行われた，同一の測定量の測定結果の間の一致の度合いである．

10. 官能検査，感性品質

“**官能検査**”とは，人間の五官(五感：**視覚**，**聴覚**，**触覚**，**味覚**，**嗅覚**)による“**官能評価**”のことをいい，「**官能特性**を人の感覚器官によって調べ，それに基づく評価」である．

“**官能特性**”とは，「人間の感覚器官が感知できるもの」であり，感覚的特性，心理的特性の類義語としても使われる．“**官能検査**”における品質の表示は，a)数値による表現，b)言葉による表現，c)図や写真による表現，d)検査見本による表現などで行うことができるが，数値によることが多い．

官能評価の方法としては，以下の①～③がある．

① **総合評価**：試料がもつ属性を総合的に評価する方法．

② **絶対評価**：直接的な比較は行わず，試験員各自の規準により評価する方法．

③ **相対評価**：比較対象との直接的な比較によって評価する方法．

“**感性品質**”とは，「人間の五官(五感)などの感覚だけでなく，人間の情緒や感情，気持ちや気分，好感度，選好，快適性，使いやすさ，生活の豊かさなどの感じ方も含んだ品質」を意味している．このように，人間の「感覚」と「感じ方」を併せて「**感性**」としている．

これができれば合格！

- 品質保証に関する各用語の理解
- 検査の目的，種類，段階の理解
- 計測の用語の理解
- 測定誤差の各用語の理解
- 官能検査の用語の理解

第12章

品質経営の要素

品質経営を推進していくためには，方針管理，日常管理，小集団活動など品質経営の要素を実践することが重要である．

本章では，“ 品質経営の要素 ” について学び，下記のことができるようにしておいてほしい．

- 方針管理の進め方の理解と説明
- 日常管理の進め方の理解と説明
- 標準化の目的，社内標準化の進め方，産業標準化，国際標準化の説明
- 小集団（QC サークル）改善活動とその進め方の説明
- 人材育成，品質管理教育の説明
- 品質マネジメントの原則，ISO 9001 の説明

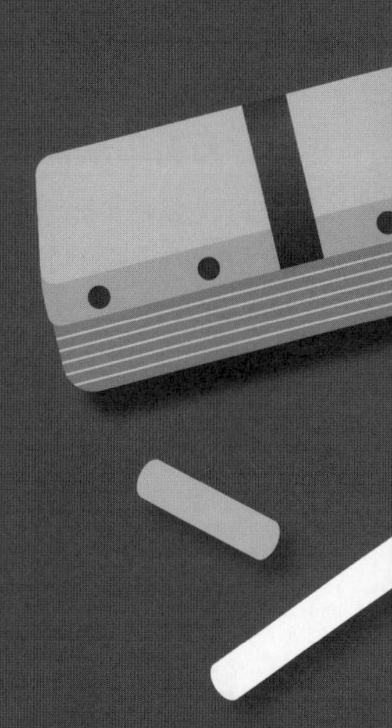

12-01 方針管理

重要度 ●●●
難易度 ■■□

方針管理とは，「方針を，全部門及び全階層の参画の下で，ベクトルを合わせて重点指向で達成していく活動．注記 方針には，中長期方針，年度方針などがある」(JIS Q 9023：2018)．

1．方針（目標と方策）

方針とは，「トップマネジメントによって正式に表明された，組織の使命，理念及びビジョン，又は中長期経営計画の達成に関する，組織の全体的な意図及び方向付け．

方針には，一般的に，次の3つの要素が含まれる．

a) **重点課題**とは，「組織として優先順位の高いものに絞って取り組み，達成すべき事項」．

b) **目標**とは，「目的を達成するための取組みにおいて，追求し，目指す到達点」．

c) **方策**とは，「目標を達成するために，選ばれる手段」」．

(JIS Q 9023：2018)

実施計画とは，「方策を実施して目標を達成するために必要な資源及びその運用プロセスを定めることに焦点を合わせた計画」(JIS Q 9023：2018)．

2．方針の展開とすり合わせ

部門を統括する管理者は，上位方針，部門の中期計画，前期のレビューの結果，部門を取り巻く経営環境の分析の結果などに基づいて，次の3つを策定する．

- **部門の方針**：部門が当該の期に取り組む重点課題，達成すべき目標，および目標を達成するための方策をまとめたもの．
- **実施計画**：部門が実施する各々の方策について実施する項目を時系列に展開し，実施できるレベルまで具体化したもので，誰が，何を，いつ，どこで，どのように行うかを示したもの．
- 進捗管理のための**管理項目**，**管理水準**および**管理帳票**：方針および実施計画が計画どおり進捗しているかどうかを評価するための尺度として選定した項目，その達成状況が適切かどうかを判断するための基準として設定した水準(期の途中における目標値および管理限界値)，さらにこれらの水準および実際の値，ならびに水準が未達成の場合の原因および処置を書き込み，関係者が進捗の状況をすぐに把握できるよう，グラフまたは表にしたもの．

これらのアウトプットの相互関係，ならびに上位方針，部門の中期計画，前期のレビューの結果，部門を取り巻く経営環境の分析の結果などとの関係を図 12.1 に示す．

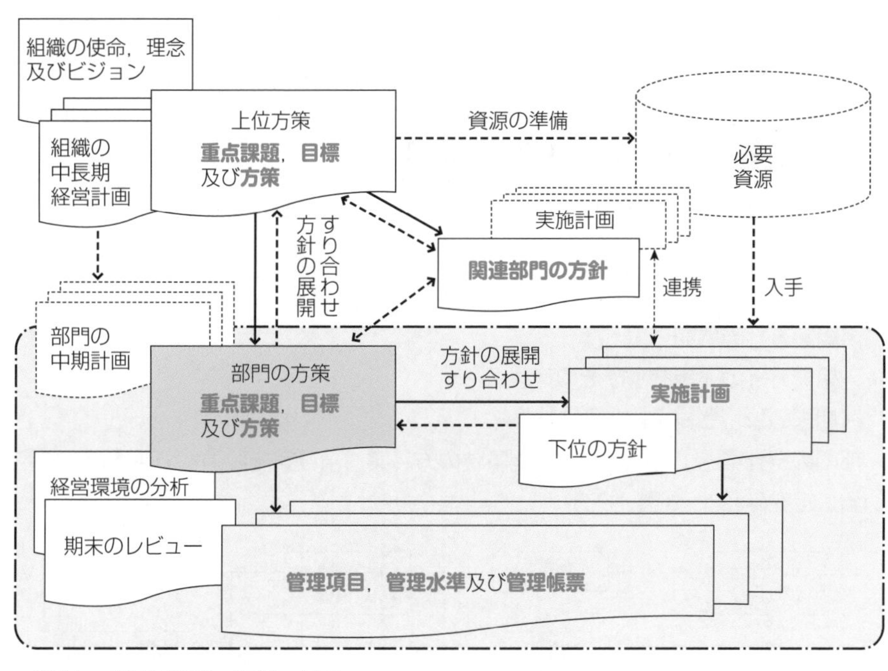

出典) JIS Q 9023：2018 図 2

図 12.1 方針の策定および展開における主なアウトプットおよび相互関係

部門を統括する管理者は，部門の方針，実施計画などを策定するに当たって，上位の管理者，下位の管理者および担当者，部門の方針達成に関係する他部門およびパートナーなどと**すり合わせ**を十分に行うのがよい(図 12.1，図 12.2)．これによって上位から下位までの方針の展開がより一貫したものになる．

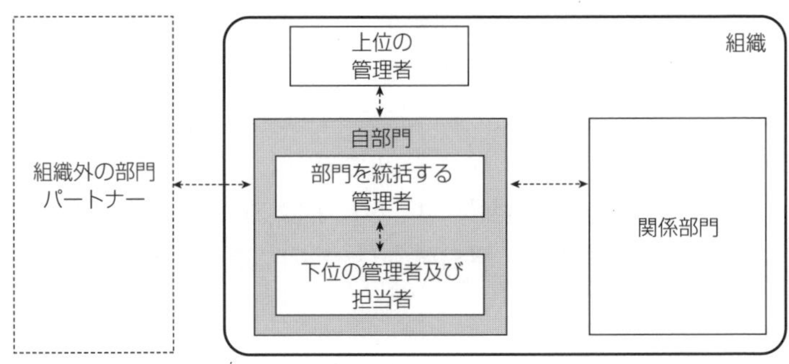

出典） JIS Q 9023：2018 図 3

図 12.2 すり合わせの対象者

3. 方針管理のしくみとその運用

方針管理のプロセスの中核となるのは，中長期経営計画を踏まえて実施される次の 4 つの事項である．

- 組織方針の策定
- 組織方針の展開
- 組織方針の実施およびその管理
- 期末のレビュー

部門の方針案と，これを展開した下位の方針案および実施計画との連携がとれていることを確認する（図 12.3）．

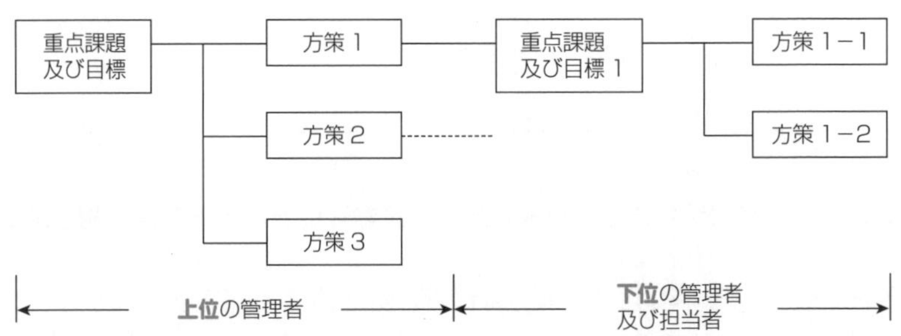

注） 方策のすべてが展開されるわけではなく，例えば，“方策 3”のように，上位の管理者が自ら実施する方策もある．
出典） JIS Q 9023：2018 図 4

図 12.3 方針の展開

第 12 章 品質経営の要素

4. 方針の達成度評価と反省

部門の方針管理の状況について集約して総合的にレビューし，次期に取り組むべき課題を明確にする（表 12.1）.

- 部門の方針のうち，下位に展開したものを期末の報告書でレビューする
- 部門の方針について，目標と実績との差異を分析する
- 目標の達成状況と方策および実施計画の実施状況との対応関係に基づいて，部門の方針管理の運営について見直す

表 12.1　方針の達成状況および実施状況のタイプ

	目標	方策及び実施計画
タイプ A	○（達成）	○（達成）
タイプ B	○（達成）	×（未達成）
タイプ C	×（未達成）	○（達成）
タイプ D	×（未達成）	×（未達成）

出典） JIS Q 9023：2018　表 2

① **タイプ A**：成功要因を分析する

② **タイプ B**：方針策定時に考慮し損なった要因を把握する

③ **タイプ C**：方策および実施計画の寄与の度合いを把握する

④ **タイプ D**：計画どおり実施できなかった，またはしなかった原因を追究する

12-02 日常管理

重要度 ●●●
難易度 ■■□

日常管理とは，「組織の各部門において，日常的に実施しなければならない分掌業務について，その業務目的を効率的に達成するために必要な全ての活動である．

注記 1　日常管理は，各部門が日常行っている分掌業務そのものではなく，行っている分掌業務をより効率的なものにするための活動である．

注記 2　この規格における日常管理は，業務をより効率的なものにするための活動のうち，特に，維持向上(目標を現状又はその延長線上に設定し，目標から外れないようにし，外れた場合にはすぐに元に戻せるようにし，更には現状よりも良い結果が得られるようにするための活動)を指す」(JIS Q 9026：2016)．

“**管理**”とは，「ある目的(仕事)を継続的に，かつ効果的，効率的に達成するためのすべての活動のこと」である．

1．業務分掌，責任と権限

組織では，業務内容・職務権限を明確化しておく必要がある．組織における内部区分，すなわち各部門，あるいは各事業部の業務の分掌(仕事を手分けして受けもつこと)については，一般に“業務分掌規程”を定める．

業務分掌規程の制定に当たっては，組織において職務ごとの役割・責任を明確に定める必要がある．部門の使命・役割を明確にするには，誰に対して何を提供するのかを規定するのがよい．例えば，部品加工を担当している部門の使命・役割は，組立部門に要求事項(品質，コスト，量・納期など)を満たした加工部品を提供することである．

2．管理項目(管理点と点検点)，管理項目一覧表

管理項目とは，「目標の達成を管理するために評価尺度として選定した項目」．網羅的に設定する必要はなく，後工程または顧客にとって重要で，当該プロセスの状態を最もよく反映するものを選ぶのがよい．

点検項目とは，「工程異常の発生を防ぐ，または工程異常が発生した場合に容易に原因が追究できるようにするために，プロセスの結果に与える影響が大きく，直接制御が可能な原因系の中から，定常的に監視する特性または状態として選定した項目」．点検項目は，要因系管理項目と呼ばれることもある．

選定した管理項目は，管理水準，管理の間隔・頻度などとともに，管理項目一覧表としてまとめ，組織として共有しておくのがよい．

日常管理には維持のための管理と改善のための管理がある．維持のための管理には管理水準を伴った管理グラフが用いられ，改善のための管理に目標値を伴った管理グラフが用いられる(図 12.4)．

管理項目を一覧できるようにした表を**管理項目一覧表**という．多くの企業ではこの表を作成して，管理されている項目と管理できていない項目を明確にしている．製造工程の管理に QC 工程表が用いられるのと同じように，職位別・部門別の管理項目を一覧表にまとめ，その管理目的，管理資料，管理担当，管理方法(頻度，管理基準，処置方法)などが併記されている．

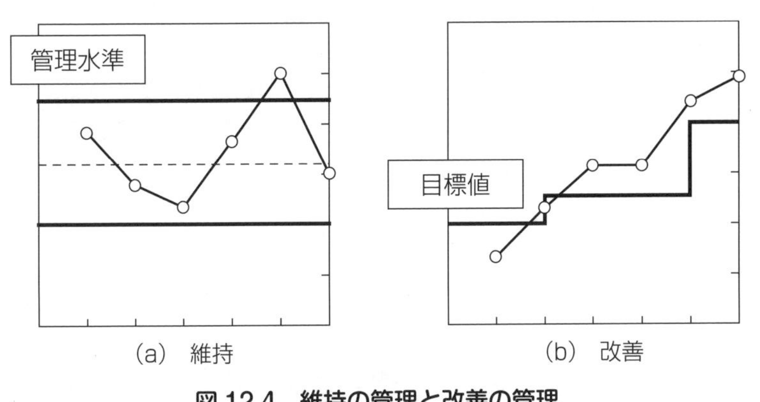

図 12.4　維持の管理と改善の管理

3．異常とその処置

工程異常，**異常**とは，「プロセスが管理状態にないこと．注記　管理状態とは，技術的および経済的に好ましい水準における**安定状態**をいう」．

不適合とは，「要求事項を満たしていないこと」(JIS Q 9000：2015)である．

12-02 日常管理

応急処置とは，「原因が不明であるか，又は原因は明らかだが何らかの制約で直接対策がとれない不適合，工程異常またはその他の望ましくない事象に対して，これらに伴う損失をこれ以上大きくしないためにとる活動」.

再発防止とは，「検出された不適合，工程異常またはその他の検出された望ましくない事象について，その原因を除去し，同じ製品・サービス，プロセス，システムなどにおいて，同じ原因で再び発生させないように対策をとる活動．注記　同じの定義は，組織及び業種によって異なる」.

異常が発生した場合には，大きな事故または損失につながらないように，ただちに発生事実を確認し，対応の仕方を明確にする必要がある．また，プロセスに関する情報は時間とともに失われていくので，原因の追究は，異常が発生したときにただちに行うのがよい.

4. 変化点とその管理

プロセスにおける人，部品・材料，設備などの重要な要因の変化を明確にし，特別の注意を払って監視することによって，人の欠勤，部品・材料ロットの切替え，設備の保全などに伴う異常の発生を未然に防ぐのがよい．このような管理は，**変化点管理**と呼ばれる.

人，部品・材料，設備，標準などの条件が変わることで発生する場合が多いため，プロセスで発生している人，部品・材料，設備，標準などの**変化点**を明確にし，異常を検出するための管理図または管理グラフの近くに貼り出しておくこと

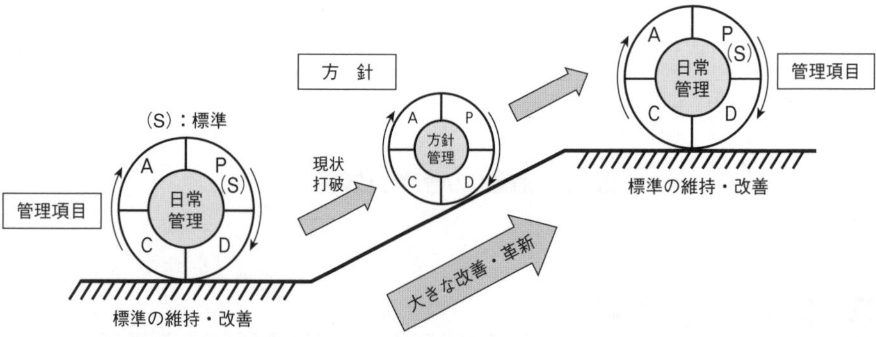

出典）　飯塚悦功監修，長田洋編著，内田章，長島牧人著：『TQM 時代の戦略的方針管理』，日科技連出版社，1996 年，図 1.1

図 12.5　日常管理の維持・改善と方針管理による管理

で，発生した異常の原因の追究を容易にする．

日常管理の管理項目の中から，現状打破すべき項目が抽出されて，その項目は方針管理上の管理項目となる．**日常管理**は「現状を**維持**する活動を基本」としているが，さらに好ましい状態へ改善する活動も含まれる．方針管理では，日常管理の**改善**のレベルアップ程度ではなく，現状を打破するレベルの改善を取り上げることになる(図 12.5)．

12-03 標準化

重要度 ●●●
難易度 ■□□

1．標準化の目的・意義・考え方

"標準" とは「a)関連する人々の間で利益又は利便が公正に得られるように，統一し，又は単純化する目的で，もの(生産活動の産出物)及びもの以外(組織，責任権限，システム，方法など)について定めた取り決め．b)測定に普遍性を与えるために定めた基本として用いる量の大きさを表す方法又はもの(SI 単位，キログラム原器，ゲージ，見本など)」(JIS Z 8002：2006)である．

"標準化" とは，標準をつくり，それを活用していく活動である．

"標準化の目的" は，①目的適合性，②両立性，③互換性，④多様性の調整，⑤安全性，⑥環境保護，⑦製品保護である．

各標準は，図 12.6 のように体系化される．

図 12.6　産業標準化の体系

2．社内標準化とその進め方

社内標準化は，品質，コスト，納期，安全，環境管理など，すべての企業活動を適切に実施するために欠くことのできない活動である．

"社内標準" とは，「個々の会社内で会社の運営，成果物などに関して定めた標準」(JIS Z 8002：2006)であり，「会社の運営に関しては，経営方針，業務分掌規定，就業規則，経理規定，マネジメントの方法など」，また「成果物に関して製品(サービスおよびソフトウェアを含む.)，部品，プロセス，作業方法，試験・検査，保管，運搬などに関するもの」があげられる．社内標準は，通常，社内で強制力をもたせている．

社内標準化の体制づくりとして，①**社内標準化推進の方針決定**，②**推進組織の整備**，③**社内標準化体系の決定**，④**社内標準の制定・改廃**などの運用手続きの決定が重要である．

3. 工業標準化(産業標準化法)，国際標準化

わが国では，工業標準化法が定められ，鉱工業品の標準化が図られていたが．2019 年に，①データ，サービスなどへの標準化の対象拡大，② JIS の制定などの迅速化，③ JIS マークの信頼性確保のための罰則強化，④官民の国際標準化活動の促進を目的に，「工業標準化法」は「**産業標準化法**」に，「日本工業規格(JIS)」は「**日本産業規格(JIS)**」に改正された(2019 年 7 月 1 日施行)．JIS マーク表示制度として(図 12.7)，① **JIS マーク表示制度**、②**試験事業者登録制度**がある．

JIS は，産業標準化法により制定される国家規格であり，基本規格，方法規格，製品規格の 3 つに分類される．

国際標準化とは，「すべての国々の標準化に直接関係する団体が参加できる標準化」(JIS Z 8002：2006)である．

国際標準の役割として，①国際的コンセンサスの形成，②貿易における技術的障害の排除(WTO/TBT 協定)，③経営の透明性の確保(企業統治や会計基準など企業経営に関する国際的な基準)がある．

図 12.7　JIS マーク

12-04 小集団活動

重要度 ●●○
難易度 ■□□

1. 小集団改善活動とは

“**小集団**”とは,「第一線の職場で働く人々による製品,またはプロセスの改善を行う小グループである.この小集団は,QC サークルと呼ばれることがある」(JIS Q 9024：2003).

> **QC サークル**とは,「第一線の職場で働く人々が,継続的に製品,サービス,仕事などの質の管理・改善を行う小グループ」である.この**小グループ**は,「運営を自主的に行い,QC の考え方・手法などを活用し,創造性を発揮し,自己啓発・相互啓発をはかり」活動を進める.

2. 小集団改善活動の進め方

QC サークル活動は,**第一線の職場で働く人々**が QC サークルを結成して,率直に話し合い,お互いによく理解し,協力しあって,**チームワーク**を発揮して進める.

話し合いの中から職場の問題を見つけ,これまで培ってきた知識や能力に加えて業務知識を深め,さらに QC(品質管理)の考え方や手法を勉強して活用し,**管理**・**改善**を行っていくものである.

「話し合い」,「勉強」,「管理・改善活動」,「発表」,「認められる」を繰り返すことによって,サークルはもとよりサークルメンバー一人ひとりが成長し,「QC サークル活動の基本理念」の実現に向かう.

小集団改善活動の進め方を手順にまとめると,次のようになる.

手順 1：QC サークルを結成し,話し合う
手順 2：業務知識や QC 手法を勉強する
手順 3：活動計画を作成する
手順 4：改善・管理活動を行う
手順 5：活動結果を発表し,認めてもらう

12-05 人材育成

重要度 ●●○
難易度 ■□□

1．品質教育とその体系

人材育成とは，長期的視野に立って企業に貢献できる人材を育成することである．単に教育・訓練といった狭義の活動だけではなく，主体性，自立性をもった人間としての一般的能力の向上をはかることに重点をおき，企業の業績向上と従業員の個人的能力の発揮との統合をめざしている．品質管理の実効をあげるためには，“QC は教育に始まって教育に終わる（石川馨）”といわれているように，品質教育は不可欠である．

品質管理教育とは，「顧客・社会のニーズを満たす製品・サービスを効果的かつ効率的に達成するうえで必要な価値観，知識および技能を組織の全員が身に着けるための，体系的な人材育成の活動」であり，品質管理のものの見方・考え方の浸透を重視している．

品質管理教育には，組織内で行うものと組織外で行うものがあり，**階層別**（部長，課長，係長，監督者，作業者，新入社員など）または**部門別**・**職能別**，組織を超えて**共通専門知識教育**を行う場合が多い．また，組織内で行うものには，**職場内教育訓練**（**OJT**）と**職場外教育訓練**（**Off-JT**）がある．

組織の全員が必要な**力量**をもっているかを定期的に評価し，計画的に教育訓練することが重要であり，組織におけるすべての教育訓練を一覧化した**教育体系**を確立しておくことが望ましい。

12-06 品質マネジメントシステム

重要度 ●●●
難易度 ■■□

1. 品質マネジメントの原則

品質マネジメントの原則は，JIS Q 9000 に規定されている．JIS Q 9001 はこれに基づいており，次の表 12.2 の事項をいう．

表 12.2　品質マネジメントの原則

原　則	説　　明
顧客重視	品質マネジメントの主眼は，顧客の要求事項を満たすことおよび顧客の期待を超える努力をすることにある．
リーダーシップ	すべての階層のリーダーは，目的およびめざす方向を一致させ，人々が組織の品質目標の達成に積極的に参加している状況を作り出す．
人々の積極的参加	組織内のすべての階層にいる，力量があり，権限を与えられ，積極的に参加する人々が，価値を創造し提供する組織の実現能力を強化するために必須である．
プロセスアプローチ	活動を，首尾一貫したシステムとして機能する相互に関連するプロセスであると理解し，マネジメントすることによって，矛盾のない予測可能な結果が，より効果的かつ効率的に達成できる
改善	成功する組織は，改善に対して，継続して焦点を当てている．
客観的事実に基づく意思決定	データおよび情報の分析および評価に基づく意思決定によって，望む結果が得られる可能性が高まる．
関係性管理	持続的成功のために，組織は，例えば提供者のような，密接に関連する利害関係者との関係をマネジメントする．

2. ISO 9001

ISO 9001 規格は，1987 年発行の**国際規格**であり，2000 年の改定で「品質システム - 要求事項」から「**品質マネジメントシステム - 要求事項**」とタイトルが変わり，現在は第 5 版として 2015 年に改定されている(日本では，JIS Q 9001：2015 として一致規格が制定されている(図 12.8，図 12.9)．

序文

0.1 一般

0.2 品質マネジメントの原則

0.3 プロセスアプローチ

0.4 他のマネジメントシステム規格との関係

1 適用範囲

2 引用規格

3 用語及び定義

4 組織の状況

5 リーダーシップ

6 計画

7 支援

8 運用

9 パフォーマンス評価

10 改善

図 12.8 JIS Q 9001 の目次

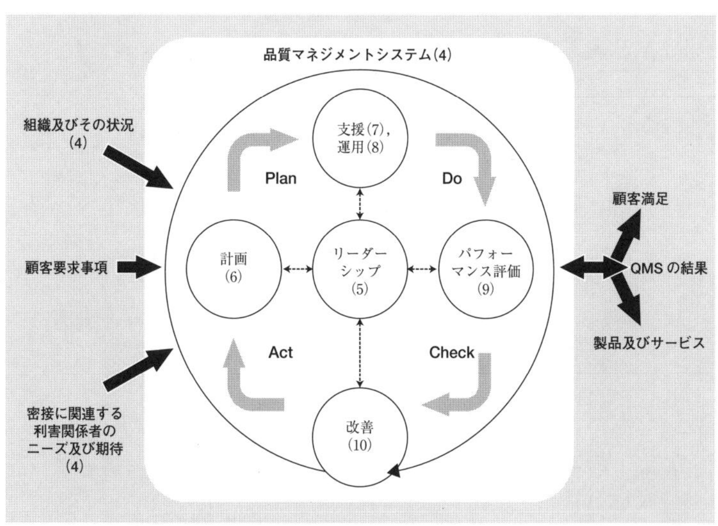

注）（ ）内の数字はこの規格の箇条番号を示す.

出典） JIS Q 9001：2015

図 12.9 PDCA サイクルを使った JIS Q 9001 規格の構造

認証制度とは，製品・サービス，プロセス，システムまたは要員に対する特定の要求事項への適合性を，**第三者が審査**し，証明する仕組みである．ISO 9001 規格は，品質に関するマネジメントシステムの認証制度の要求事項に用いられている．

これができれば合格！

- 方針管理，方針，重点課題，目標，方策，方針の展開とすり合わせの理解
- 日常管理，管理項目(管理点と点検点)，管理項目一覧表，異常，変化点管理，PDCA，SDCA の理解
- 標準化の目的・意義・考え方，社内標準化とその進め方，産業標準化，国際標準化の理解
- 小集団(QC サークル)活動の進め方の理解
- 人材育成，品質管理教育，教育体系の理解
- 品質マネジメントの原則，ISO 9001 で PDCA を回して維持・改善することの理解

【引用・参考文献】

1） JIS Q 9024：2003「マネジメントシステムのパフォーマンス改善―継続的改善の手順及び技法の指針」
2）「品質管理セミナー・入門コース・テキスト」，日本科学技術連盟，2019年
3）「通信教育　品質管理基礎講座テキスト」，日本科学技術連盟，2019年
4） 細谷克也：『QC七つ道具』，日科技連出版社，1982年
5） 吉澤正編：『クォリティマネジメント用語辞典』，日本規格協会，2004年
6） 西敏明：『ビジネスのための経営統計学入門』，日科技連出版社，2011年
7） 永田靖，棟近雅彦：『多変量解析入門』，サイエンス社，2001年
8） JIS Z 9020-2：2023「管理図―第2部：シューハート管理図」
9） JIS Q 9000：2015「品質マネジメントシステム―基本及び用語」
10） JIS Z 8141：2022「生産管理用語」
11）「品質管理セミナー・ベーシックコース・テキスト」，日本科学技術連盟，2019年
12） JIS Q 9025：2003「マネジメントシステムのパフォーマンス改善―品質機能展開の指針」
13） JIS Q 9005：2023「品質マネジメントシステム―持続的成功の指針」
14） 日本品質管理学会監修：『日本の品質を論ずるための品質管理用語85』，日本規格協会，2009年
15） 日本品質管理学会監修：『日本の品質を論ずるための品質管理用語 Part.2』，日本規格協会，2011年
16） 狩野紀昭，瀬楽信彦，高橋文夫，辻新一：「魅力的品質と当り前品質」，『品質』，Vol.14，No.2，1984年
17） JSQC-Std 00-001：2018「品質管理用語」
18） 経済産業省ホームページ：「製品安全4法に関するページ」
https://www.meti.go.jp/product_safety/producer/system/11.html(2019年12月9日閲覧)
19） 消費者庁ウェブサイト：「製造物責任(PL)法の逐条解説　第1条(目的)」
https://www.caa.go.jp/policies/policy/consumer_safety/other/product_liability_act_annotations/pdf/annotations_180907_0002.pdf(2019年12月9日閲覧)

20) JIS Q 10002：2019「品質マネジメント―顧客満足―組織における苦情対応のための指針」
21) JIS Z 8002：2006「標準化及び関連活動― 一般的な用語」
22) 細谷克也編著，土田富博，西山雄一郎，香川博昭著：『見て即実践！ 事例でわかる標準化』，日科技連出版社，2012年
23) JIS Z 8101-2：2015「統計―用語及び記号―第2部：統計の応用」
24) JIS Z 8103：2019「計測用語」
25) JIS Q 9023：2018「マネジメントシステムのパフォーマンス改善―方針管理の指針」
26) JIS Q 9026：2016「マネジメントシステムのパフォーマンス改善―日常管理の指針」
27) 久保田洋志：『日常管理の基本と実践』，日本規格協会，2008年
28) 飯塚悦功監修，長田洋編著，内田章，長島牧人著：『TQM時代の戦略的方針管理』，日科技連出版社，1996年
29) 日本品質管理学会編：『新版 品質保証ガイドブック』，日科技連出版社，2009年
30) QCサークル本部編：『QCサークルの基本』，日本科学技術連盟，1996年
31) QCサークル本部編：『新版QCサークル活動運営の基本』，日本科学技術連盟，1997年
32) JIS Q 9001：2015「品質マネジメントシステム―要求事項」
33) 森口繁一，日科技連数値表委員会編：『新編 日科技連数値表―第2版』，日科技連出版社，2009年

索　引

【ま　行】

【や　行】

【ら　行】

速効！　QC検定 編集委員会　委員・執筆メンバー（五十音順）

編著者　細谷　克也　（㈲品質管理総合研究所　所長）

著　者　稲葉　太一　（神戸大学大学院　准教授）

竹士伊知郎　（QMビューローちくし　代表）

西　　敏明　（岡山商科大学　教授）

吉田　　節　（IDEC㈱）

和田　法明　（三和テクノ㈱　顧問）

■直前対策シリーズ

速効！QC検定 3級

2020年4月30日　第1刷発行
2023年7月12日　第3刷発行

編著者　細谷　克也
著　者　稲葉　太一　竹士伊知郎
西　　敏明　吉田　　節
和田　法明
発行人　戸羽　節文

発行所　株式会社　日科技連出版社
〒151-0051　東京都渋谷区千駄ヶ谷5-15-5
DSビル
電　話　出版　03-5379-1244
営業　03-5379-1238

検印
省略

Printed in Japan　　印刷・製本　河北印刷株式会社

ISBN 978-4-8171-9698-9
URL https://www.juse-p.co.jp/

日科技連出版社の書籍案内

日科技連出版社の書籍案内

◆超簡単！　Excel で統計解析システム(上)　検定・推定編

細谷克也［編著］
千葉喜一・辻井五郎・西野武彦［著］
A5 判，192 頁，CD-ROM 付

本統計解析システムの機能と特長

① 問題・課題解決活動などにおいて，**初心者**でも検定や推定が簡単にできる．

② **“検定・推定条件”**(データ数，特性値，有意水準など)と**“データ”**を入力するだけで，検定・推定の結果が出てくる．

③ Excel を知らなくても，データを入力するだけで，**すぐに計算結果**が得られる．

④ **有意差判定**まで行い，「差がある」，「差があるとはいえない」などの結論が出てくる．

⑤ 検定・推定の**公式と途中計算**が出力されるので，どのようにして有意差判定されたのかや，また，点推定・区間推定のプロセスがわかる．

⑥ 平均値，メディアン，分散，標準偏差，範囲などの**基本統計量**が出力されるので，データの基本的情報が把握できる．

⑦ 時系列の場合は**折れ線グラフ**，非時系列の場合は**ドットプロット図**が出力されるので，生データの平均の位置やばらつきなどの様子を見ることができる．

⑧ 有意差検定の判定や結論の表現方法，折れ線グラフやドットプロット図の表示方法などが，**自分で変更**できる．

⑨ 計量値の検定・推定，計数値の検定・推定，相関分析など，**25 の手法**が収録されている．

⑩ データ解析の“見える化”を重視しているので，**見栄えよくわかりやすい**レポートやプレゼンテーション資料が作成できる．

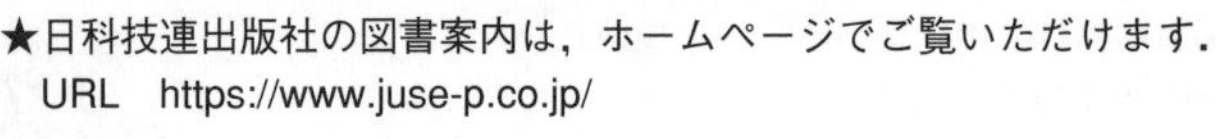
★日科技連出版社の図書案内は，ホームページでご覧いただけます．
URL　https://www.juse-p.co.jp/